廖存仁茶学存稿

廖存仁 撰

刘宝顺 叶国盛 校注

海峡出版发行集团

福建教育出版社

图书在版编目（CIP）数据

廖存仁茶学存稿/廖存仁撰；刘宝顺，叶国盛校注.
福州：福建教育出版社，2024.8.（2024.10 重印）
一（茶人丛书）.
ISBN 978-7-5758-0030-3

Ⅰ. TS971.21-53

中国国家版本馆 CIP 数据核字第 20243L36Y9 号

书名题签：陈　烨
责任编辑：骆一峰
美术编辑：杨琳琳

茶人丛书
Liao Cunren Chaxue Cungao

廖存仁茶学存稿

廖存仁　撰　刘宝顺　叶国盛　校注

出版发行　**福建教育出版社**
　　　　　　（福州市梦山路 27 号　邮编：350025　网址：www.fep.com.cn
　　　　　　编辑部电话：0591-83763503
　　　　　　发行部电话：0591-83721876　87115073　010-62024258）
出 版 人　江金辉
印　　刷　福建建本文化产业股份有限公司
　　　　　　（福州市仓山区红江路 6 号浦上工业园 C 区 17 号楼三层）
开　　本　890 毫米×1240 毫米　1/32
印　　张　5.875
字　　数　108 千字
插　　页　10
版　　次　2024 年 8 月第 1 版　　2024 年 10 月第 2 次印刷
书　　号　ISBN 978-7-5758-0030-3
定　　价　68.00 元（精装）

如发现本书印装质量问题，请向本社出版科（电话：0591-83726019）调换。

作者简介

廖存仁（？—1944），福建浦城人，先后在国民政府实业部青岛商品检验局、中国茶叶公司技术处、茶叶研究所、中国茶叶公司福建办事处等单位任职，曾在设立于武夷山的财政部贸易委员会茶叶研究所从事武夷茶的调查与研究，发表《武夷岩茶》《武夷大红袍史话及观制记》《武夷岩茶制茶厂概况简表》《武夷茶工的生活》《武夷岩茶之品种》《龙须茶制造方法》《闽茶种类及其特征》等文章，理论实际，两俱丰富。

校注者简介

刘宝顺，福建武夷山人，高级农艺师，国家一级评茶师，武夷山市茶叶专家人才库（审评专家组）成员，首批国家级非物质文化遗产武夷岩茶制作技艺传承人。曾任武夷山市茶叶科学研究所所长。曾获全国农牧渔业丰收奖二等奖、武夷山市科学技术进步奖三等奖、南平市科学技术进步奖三等奖，在《中国茶叶》《福建茶叶》《茶业通报》等刊物发表论文十余篇，出版《中国十大茶叶区域公用品牌之武夷岩茶》等著作。

叶国盛，福建尤溪人，任教于武夷学院茶与食品学院，国家一级评茶师，中国国际茶文化研究会学术委员会委员，武夷山市茶叶专家人才库（茶文化艺术型）成员。发表茶文化相关论文十余篇，出版《武夷茶文献辑校》《中国古代茶文学作品选读》《学茶入门》《茶经导读》《宋代点茶文化与艺术》等著作。

命令

▲部令

●實業部令

委任葉家琬、高守樸、廖存仁、方振吉、高秉埠、屠丙辛、李謙、王國福試署本部青島商品檢驗局技佐。此令。

公字第二七四二號　二十五年一月十一日

委任陳敬爲本部一等科員。此令。

公字第二七四三號　二十五年一月十一日

委任任兆經爲本部二等科員。此令。

公字第二七四四號　二十五年一月十一日

委任李厚延爲本部一等科員。此令。

公字第二七四五號　二十五年一月十一日

委任郭淑仙爲本部一等技佐。此令。

公字第二七四六號　二十五年一月十一日

委任蔡崇基爲本部商標局課員。此令。

公字第二七四七號　二十五年一月十三日

委任蕭景文爲本部商標局課員。此令。

公字第二七四八號　二十五年一月十三日

據本部中央農業實驗所呈：技士陳燕山請假逾期，久未到所，陳燕山應即免職。除轉呈外。此令。

公字第二七四九號　二十五年一月十三日

據本部中央農業實驗所呈：技正黃異生，請假逾期，久不到職，黃異生應即免職。除轉呈外。此令。

公字第二七五〇號　二十五年一月十三日

試署本部中央農業實驗所技正鄭林莊呈請辭職，應予照准。此令。

公字第二七五一號　二十五年一月十三日

委任張永懋爲本部一等科員此令。

公字第二七五二號　二十五年一月十二日

委任李鏡華爲本部二等科員。此令。

公字第二七五三號　二十五年一月十三日

本部上海商品檢驗局事務員林志瀛呈請辭職，應照准。此令。

公字第二七五四號　二十五年一月十三日

1936年廖存仁被任命爲實業部青島商品檢驗局技佐

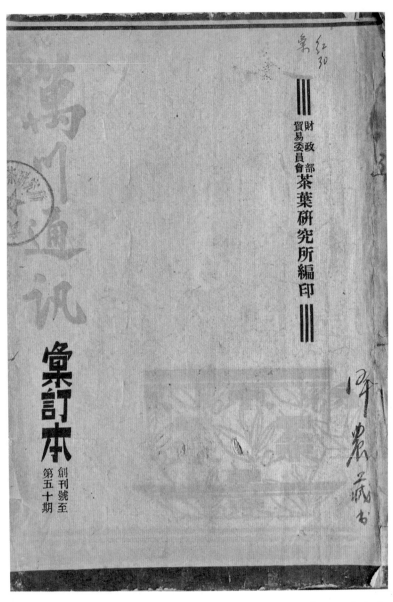

財政部貿易委員會茶葉研究所編印

萬川通訊

彙訂本

創刊號至
第五十期

財政部贸易委员会茶叶研究所《万川通讯（汇订本）》
（1942年）

本所叢刊第二號

整理武夷茶區計劃書

吳覺農編

◄每冊定價國幣五元►

本所茶業淺說第二號

武夷山的茶與風景

陳舜年等著

◄每冊定價國幣三十元►

本所叢刊第三號

武夷岩茶

廖存仁著

◄每冊定價國幣五元►

◁本所叢刊第七號▷

武夷茶岩土壤

王澤農著

在印刷中

茶葉研究月刊

第二卷　第一、二、三期

中華民國三十三年三月出版

編輯兼出版者	財政部貿易委員會外銷物資增產推銷委員會茶葉研究所
發行者	財政部貿易委員會外銷物資增產推銷委員會茶葉研究所
	所址：福建崇安赤石
印刷者	東南合作印刷廠
	廠址：福建崇安赤石
定價	預定半年二十四元，全年四十五元，本期另售每冊十五元，郵費另加。

财政部贸易委员会茶叶研究所《茶叶研究》封底书讯（1944年）

陳觀滄藏書

財政部貿易委員會

茶葉研究所叢刊

（第三號）

武 夷 巖 茶

廖存仁著

中華民國三十二年四月出版

福建 崇安 赤石

廖存仁《武夷岩茶》茶叶研究所丛刊本（1943年）

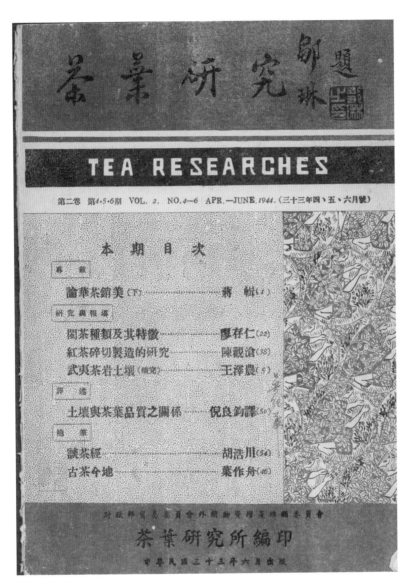

茶葉研究

TEA RESEARCHES

第二卷 第4·5·6期 VOL. 2, NO.4—6 APR.—JUNE, 1944. (三十三年四、五、六月號)

本期目次

財政部貿易委員會外銷物資處復推銷委員會

茶葉研究所編印

中華民國三十三年六月出版

財政部貿易委员会茶叶研究所《茶叶研究》（1944 年）

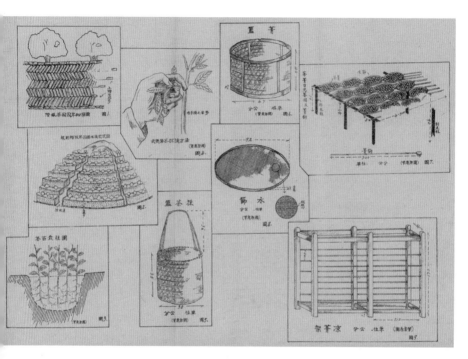

林馥泉《武夷茶叶之生产制造及运销》插图（1943年）

名欉：大紅袍

紅袍名欉欽松蘿，
齒頰留香不用多；
為問名岩何處是？
山僧笑指九龍窠。
——蓮敬——

陈舜年、徐锡堃、俞庸器、向馨《武夷山的茶与风景》插图："名欉：大红袍"（1944 年）

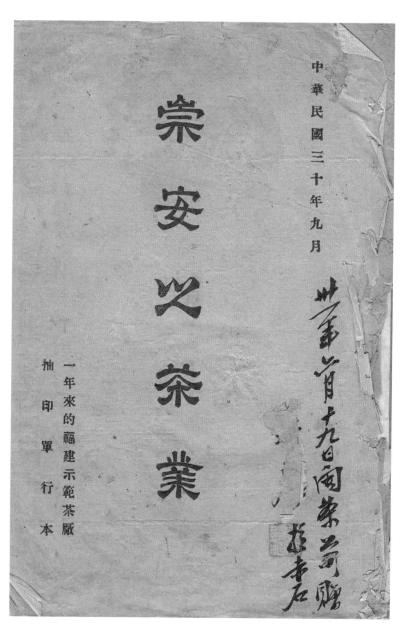

福建示范茶厂《崇安之茶业》单行本（1941年）

武夷山八曲山房古茶厂遗址（摄于 2022 年）

武夷山天心永乐禅寺茶厂（摄于 2008 年，今已不存）

序

武夷茶在中国乃至世界范围，影响巨大。武夷茶产生这么大的影响，除了历代茶农辛苦劳作之外，离不开近现代茶学家的总结与科学研究、推广。抗日战争时期，国民政府财政部贸易委员会茶叶研究所于 1942 年迁往福建省崇安县（今武夷山市），利用福建示范茶厂原址充实建所。以后来被誉为"当代中国的茶圣"——吴觉农先生为首的国内顶级茶学家聚集在此，廖存仁先生就是其中的一位。

廖存仁，福建浦城人，长期致力于研究武夷茶。本书收录了廖存仁的《武夷岩茶》《武夷大红袍史话及观制记》《武夷岩茶制茶厂概况简表》《武夷茶工的生活》《武夷岩茶之品种》《龙须茶制造方法》《闽茶种类及其特征》等 7 篇文章，涉及茶树品种、茶树栽培、茶叶加工、茶叶品质鉴定、茶叶储运销售、茶农生活等茶事全部内容，弥足珍贵，为茶史工作者提供了宝贵的资料，也为研究中国近代农村社会、农业经济提供了鲜活的事例。

我曾于上世纪涉及中国近代农业史资料的收集和研

序

究，深知其中的艰难。刘宝顺、叶国盛二位先生在力所能及的情况下爬梳整理，使我们一睹廖存仁先生当年武夷茶研究之全豹，其功至巨！

茶史研究，需要两方面的素养：一是在茶学研究上有一定的水平，二是要具备一定的文史功底。刘宝顺和叶国盛二位先生的合作可谓强强联合，是本书的质量保证。刘宝顺先生的武夷岩茶制作、研究，在武夷山是高水平的，在制茶之余，参与此书的整理，使本书的科学性得以保证。叶国盛先生虽然年轻，但从事武夷茶的文献整理已有多年，成绩斐然。相信此书一定会得到读者的喜爱。

此书的出版，必将推动武夷茶研究、制作进一步发展。

谨以为序。

穆祥桐

2024 年 4 月 5 日

于望京茗室

整理前言

　　2022 年，"中国传统制茶技艺及其相关习俗"列入联合国教科文组织人类非物质文化遗产代表作名录，它是有关茶园管理、茶叶采摘、茶的手工制作，以及茶的饮用和分享的知识、技艺和实践，为多民族共享。茶亦成为中国与世界人民相知相交、中华文明与世界其他文明交流互鉴的重要媒介，成为人类文明共同的财富。福建地区，则有武夷岩茶（大红袍）传统制茶技艺、铁观音制作技艺、福鼎白茶制作技艺、福州茉莉花茶窨制工艺、坦洋工夫茶制作技艺、漳平水仙茶制作技艺等作为子项入选，彰显了福建丰富的茶类体系与厚重的茶文化底蕴。这是一代代茶人在这里辛勤耕耘的成果与财富：从茶树品种的精心培育，到制茶技艺的传承革新，再到饮茶文化的深邃涵养。

　　回溯历史，民国时期，福建示范茶厂、财政部贸易委员会茶叶研究所先后设立于崇安县（今武夷山市）。前者设福安、福鼎分厂和武夷、星村、政和直属制茶所。常务工作有茶树栽培试验、茶树病虫害研究、茶叶制作技术研

究、茶叶化学之分析与研究、测候之设置等，还有培植茶叶技术干部人才，出版研究报告、示范厂月报，开展福建省茶业调查等工作。1942 年，地处浙江衢州的财政部贸易委员会茶叶研究所迁来崇安，与示范茶厂合并。吴觉农任所长，所址设在赤石。研究所集中了吴觉农、蒋芸生、叶元鼎、王泽农、叶作舟、刘轸、叶鸣高、向耿酉、汤成、庄任、陈舜年、吕增耕、陈观沧、尹在继等一批专家，从事茶叶研究工作。

廖存仁，是其中代表之一。其生平介绍见《茶叶研究》（1944 年第 2 卷第 4～6 期）卷头语：

廖先生，福建浦城人，前服务青岛商品检验局，抗战后，任中国茶叶公司技术处技士，三十年技术处由渝迁至浙江衢县，廖先生同来，被派至崇安，调查武夷岩茶，三十一年本所迁移崇安，廖先生留所协助为武夷岩茶的试验研究，故所著《武夷岩茶》报告，理论实际，两俱丰富。旋调任中国茶叶公司闽处茶师，不幸于三十三年春自南平至建瓯公干途中，因所乘汽艇积载过重，覆舟致遭溺毙，亦云惨矣。廖先生在闽处时，于公干之暇，仍热切从事于研究工作，本篇即系其生前著述之一，早于去冬赐寄本刊，因中经数度函商，致延发表日期，终使廖先生不及亲睹其手稿的发表，编者于悲悼之余，尤深歉疚。在此，我们敬对廖先生眷属致其慰唁之忱。

是文介绍了廖存仁在中国茶叶公司技术处、茶叶研究所、中国茶叶公司福建办事处等单位的工作履历，也叙及他于1944年的意外逝世，以及在《茶叶研究》这一期发表了他生前寄来的《闽茶种类及其特征》一文等情况。此外，在陈观沧《闽红陈茶品级审查及拼堆初步报告》中，提及了廖存仁与郑永亨二人协助评定闽红陈茶之品级，这是目前搜集到的关于廖存仁的一些"雪泥鸿爪"。当然，读廖存仁的文章，更能见得他的工作身影与事茶心路历程：

1941年5月17日，他与时任福建示范茶厂武夷制茶所主任林馥泉到天心寺"观山僧采茶"，并记录了武夷天心岩大红袍的采制过程。

1941年6月，他调查了54家武夷岩茶制茶厂制茶量、制茶日期、岩主数、茶工人数等情况。

此外，他搜集了茶工新编的山歌，反映的是茶工的真实生活："采茶可怜真可怜，三夜没有二夜眠"；梳理了武夷岩茶的品种，提出了名种、奇种、单㭲奇种、提㭲名种等这一分类体系；考察了龙须茶的制作工艺，整理其采摘、萎凋、釜炒、揉捻、束缚、烘焙等制作程序。

以上内容，具体见《武夷大红袍史话及观制记》《武夷岩茶制茶厂概况简表》《武夷茶工的生活》《武夷岩茶之品种》《龙须茶制造方法》诸文章。这些文章源自生产实际，短小精悍，皆发表于《万川通讯》。

《万川通讯》，是1941年吴觉农在浙江衢县万川筹建的东南茶叶改良总场任场长时创办的刊物，诚如吴觉农在《万川通讯（汇订本）》序中所言：

> 中国茶叶公司技术处及东南茶叶改良总场工作同人出发皖赣浙闽各茶区，为着精神上的联系，工作上的互助，诞生了《万川通讯》。日月逾迈，自春徂冬，其间技处迁移，总场撤消，本刊得赖大家抚育、培植、爱护，独能继续成长，总算达到了发刊词的愿望："变为大家的孩子，祖国的孩子。"今自创刊号起自五十期止，合刊一册，分专论、研究、调查报告等目，综观既往，差以为慰！

廖存仁即是由中国茶叶公司技术处来到武夷山，开展相关调查与研究，并陆续在《万川通讯》上发表工作所得。

除了以上文章，廖存仁在茶叶研究所从事武夷岩茶试验研究，并发表《武夷岩茶》报告，报告分岩茶历史、岩茶生产概况、岩茶栽培、岩茶制造、岩茶运销诸方面，"理论实际，两俱丰富"，可视为林馥泉《武夷茶叶之生产制造及运销》的姊妹篇。后在中国茶叶公司闽处任职，撰写了《闽茶种类及其特征》，重点介绍了福建地区茶树品种、成茶种类、成茶品质等内容，全景式概览了闽茶的丰富样貌。

综观廖存仁论著，他注重理论与实际相结合，挖掘史料，田野调查，拜访老茶师，例如《闽茶种类及其特征》的撰写，即"对各类茶叶之异同优劣，概详加研讨，深悉每种茶叶均有其优点与特征"，并"兹就个人所知，诸老茶师之叙述，以及旧有资料草成是篇"。而在《武夷岩茶》中，时采用当地老茶农的口述材料：

> 岩茶采摘时间，均在立夏前后一二日。据老茶农云：四十年来，仅有两年开山时期破例，一年在宣统元年，开山日期，提前于立夏前十七日；一年在民国十四年，开山日期，提前在立夏前十九日。
>
> 据老茶人云：昔年茶景旺盛时，烘青设备颇为考究，加热系用木炭，炭置小铁锅中，锅安木架之上，架有车轮，可随意推动，遍走室内。

介绍了岩茶采摘时间有例外之情，以及古时烘青使用木炭等考究细节，丰富了研究内容。

在《闽茶种类及其特征》中，廖存仁如此说道："尚望茶叶先进不吝指正，使福建茶叶能浸入于中外每一人士脑际，从此发扬而光大之，执世界茶叶之牛耳，则幸甚矣。"从中可感受到他对事业的责任感，以及对茶的热爱。他为当时福建茶、武夷茶留下珍贵的历史资料，也展示了一名茶叶工作者的光荣与使命。

我们搜集整理了目前所见廖存仁发表的文章，辑成《廖存仁茶学存稿》一书，具体整理工作如是：相关讹、

整理前言

脱、衍等字词，予以出校；底本所用的异体字、古今字、俗体字，均径改为通用规范汉字（用字参考《通用规范汉字表》《现代汉语词典》等），不出校；部分文章时有标点规范问题，均予以规范处理；部分有助于内容理解的文本信息，另作注释；个别阙字，以□标识。另整理《一年来福建示范茶厂》中的《崇安之茶业》部分，作为附录。整理过程中，承蒙中国农业出版社编审穆祥桐老师指导，审订书稿，并惠赐序言；与廖存仁同为浦城籍的刘宏飞同道提供了《闽茶种类及其特征》原版清晰照片，使得部分模糊不清的字迹得以校订，同时，插页中的《武夷岩茶》《茶叶研究》，亦出自他的珍藏。黄巧敏、华杭萍、林文君与陈思参与部分文稿的整理与初步核对工作，给予了细心的帮助。林娜帮助重新绘制《岩茶筛分程序表》等内容，陈烨书写了书名题签。书眉上的茶叶图由武夷学院易磊老师手绘，插页中的八曲山房古茶厂遗址为摄影家杨锦毅所拍摄。本书责任编辑骆一峰先生积极推动"茶人丛书"的选题立项与出版工作，细致打磨书稿，付出辛勤的努力。以上，一并致以衷心的感谢。

　　七篇或短或长的文章，汇成一册，是一位茶人为中国茶业奉献他短暂一生的印迹。今年（2024年），恰值廖存仁先生逝世八十周年，谨以此书作为"茶人丛书"的第一种，纪念那一段茶业复兴的峥嵘岁月，铭记那一代茶人的贡献，让后人发扬他们的敬业与奉献精神。

目　录

武夷岩茶

一、前言

　　武夷山位于闽北崇安县南二十华里，为南岭之主峰，发脉出于西南白塔山，周围凡百二十里，由片岩、沙岩、花冈岩等组合而成，东抵崇溪，北为黄柏溪，西至星村，南迄黎元，四面皆溪壑，不与外山相连属，外山则环逐拱向，若仪卫然，有八闽屋脊之称。

　　山有三十六峰，九十九岩之胜，峰峦岩壑，秀拔奇伟，鬼斧神工，难以名状。山有水曰九曲溪，发源于三保山，奔注数十里，幽邃清淙[1]，苍冥万古，蔚成山乡水国，皇都仙境，袁子才云："总觉名山如名士，不蒙一见不甘休。"① 其推崇可谓备至。以其环境优异，云雾弥漫，

---

　　① 袁枚《老行》："老行万里全凭胆，吟向千峰屡掉头。总觉名山似士，不蒙一见不甘休。"

所产茶叶，名驰中外。品具岩骨花香[①]之胜，制法界乎红茶、绿茶之间[2]，必求所谓"绿叶红镶边[②]"者，方称上乘，性和不寒，久藏不坏，香久益清，味久益醇，味甘泽而气馥郁，无绿茶之苦涩，有红茶之浓艳。斯武夷不独以山水之奇而奇，更以茶产之奇而奇，名山名茶，诚相得而益彰。

---

　　① 岩骨花香：即岩韵。指在武夷岩茶独特的自然生态环境、适宜的茶树品种、良好的栽培技术和传统而科学的制作工艺综合形成的香气和滋味，是武夷岩茶独有的品质特征。表现为香气芬芳馥郁、幽雅、持久、有层次变化、饮后有齿颊留香；滋味啜之有骨、厚而醇、内含物质丰富、有层次感、润滑甘爽、回味悠长、舒适持久。

　　② 绿叶红镶边：青叶经过做青后，青叶中间呈现绿色而叶缘为朱红色。

北

（图中为金仪凤所绘武夷山略图，含山川、道路、桥梁、茶厂、村落等标注）

1:60000，州北

草者沈学良安主地锡金队之武夷山略图

图例			
小路	——	公路	◎ 市镇
河流	==	天桥	村落
凉亭	介	小桥	茶
祠庙	礼	大路	岩茶厂本

武夷岩茶

---

① 据袁干《武夷游览指南》介绍，此图为金仪凤所绘。

二、岩茶历史

（一）岩茶传说

岩茶之享盛名者，曰大红袍[①]，曰白鸡冠。外间对二茶之传说，极为神妙，兹志之于后，以资助谈。

甲　大红袍　产于天心岩九龙窠最后一窠之岩脚下，品种为菜茶[②]，树根终年有水从岩壁涓滴而下，树高丈四尺，树势披张，叶极厚，深浓绿色，树干满生苔藓，树龄衰老，至少在七八十年以上，年仅制茶八两至十二两。旁有一株，树势生长较优，是为副本。现山僧以此茶名贵，恐参观者采折枝条，损伤茶树，另以附近大石壁下，岩脚寻丈有崩石罅隙处，所植之菜茶三欉，以给游客。此茶以产量无多，外人不易购得，于是传说种种，故神其事。有谓："野生绝壁，人莫能登，每年茶季寺僧以菜饵山猴采之。"有谓："树高十丈，叶大如掌，生削壁间，风吹叶坠，寺僧拾制为茶，能治百病。"当地传说则谓："为岩上神人所栽，寺僧每于元旦日焚香礼拜，泡少许供佛前，茶能自顾，无需管理。有窃之者，立即腹痛，非弃之不能

---

① 大红袍：原为武夷名丛之一，有"茶王"之誉。2012 年通过审定，成为福建省优良茶树品种。

② 菜茶：原始有性群体，为武夷茶之母。

愈。盖此为神人所植，凡民不能先尝也。"

乙 白鸡冠 亦为菜茶，产于慧苑坑后之鬼洞，相传于明代即有之（《山志》无提及）。当时有一知府，携眷经此地，下榻武夷宫，其子忽染疾，腹涨如牛，医药罔效，官忧之。一日，寺僧端一杯茗进，啜之特佳，遂以所余授病子，问其名，则曰白鸡冠也。后知府离山赴任，中途子病愈，乃误为茶之功，于是奏于帝，并商诸僧索小许尝之，帝大悦，敕寺僧守之，年赐银百两，粟四十石，每年封制以进，遂充御茶，至清亦然。迨民国元年，清帝逊位，白鸡冠亦渐枯槁，好事者谓为尽节矣。其后又从旁干发芽生枝，目以为瑞云。现该茶树已高及六七尺，枝叶繁多，年由集泉茶庄采制，作为该号之宣传品，其实年所产亦不过十余两，真品极为难得，市上充斥者，皆伪品也。

（二）岩茶栽植

岩茶栽植，始自何时，无正确文献可稽。唐徐夤《谢尚书惠蜡面茶》[3] 诗云："武夷春暖月初圆，采摘新芽献地仙。飞鹊印成香蜡片，啼猿溪走木兰船。金槽和碾沉香末，冰椀轻涵翠缕烟。分赠恩深知最异，晚铛宜煮北山泉。"由此可证明当时所制为蜡面，且具飞鹊之饰，可以无疑。唐以前则无可考，及宋代，则记载略多，范仲淹

武夷岩茶

《斗茶歌》[①] 有云："溪边奇茗冠天下，武夷仙人从古栽。" 苏子瞻《咏茶》诗有 "武夷溪边粟粒芽，前丁后蔡相笼加。争新买宠各出意，今年斗品充官茶[4]" 之句。当时北苑茶甚著盛名，迄至元代北苑废为吉苑里，而武夷茶始独兴。《闽小纪》云："武夷、夃崱、紫帽、龙山皆产茶，僧拙于焙，既采则先蒸而后焙，故色多紫赤。""先是建州贡茶，首称北苑龙团，而武夷石乳之名未著。至元设场于武夷，遂与北苑并称。今则但知有武夷，不知有北苑矣。"然则岩茶肇端于唐宋，而盛于元，无可非议矣。

（三）岩茶入贡

岩茶之入贡，据《崇安县志·物产篇》："宋咸平中，丁谓为福建漕，监造御茶进龙凤团，庆历中蔡端明为漕，始贡小龙团七十饼，其时多在建州北苑，武夷贡额尚少。"及至元十六年，浙江行省平章高兴过武夷，装石乳数斤入献，十九年，乃令县官莅之，岁贡二十斤，采摘户凡八十。及后，兴之子久住为邵武路总管，创焙局，称御茶园，设场官二员，领其事，贡额增至三百六十斤，制龙团五千饼，采摘户凡二百五十。泰定五年，崇安令张端本于园之左右各建一场，匾曰"茶场"。至顺三年，建宁总管都剌于通仙井畔筑台，高五尺，方一丈六尺，名曰"喊山

①《斗茶歌》：指《和章岷从事斗茶歌》。

台"，其上为喊泉亭，称井为呼来泉。喊山者，每当仲春惊蛰日，县官诣茶场致祭，隶卒鸣金击鼓，同声喊曰："茶发芽！"而井水渐满，造茶毕，水遂浑涸，此事《山志·御茶园》篇言之弥详。

明初罢团饼，贡额九百九十斤。洪武二十四年，诏天下产茶之地，岁有定额，以建宁为上，听茶户采进，勿预有司。茶名有四，曰：探[5]春、先春、次春、紫笋，不得碾揉为大小龙团，而典祀贡额犹如故也。嘉靖三十六年，以茶枯，建宁太守钱嶪详请罢之，园寻废，遗址今尚存焉，唯以山中土气宜茶，贡茶虽罢，而居民多以此为业，故徐 [6]《茶考》有云："环九曲之内，不下数百家，皆以种茶为业，岁所产数十万斤，水浮陆转，鬻之四方，而武夷之名，甲于海内矣。宋、元制造团饼，稍失真味，今则灵芽仙萼，香色尤清，为闽中第一。"

三、岩茶生产概况

（一）岩茶之品种

武夷茶树品种，计有菜茶、水仙、矮型乌龙、高型乌龙、梅占、奇兰、桃仁、铁观音、雪梨、玉桂①、黄龙等

———————

① 玉桂：即肉桂。原为武夷名丛，1985 年通过审定成为福建省优良茶树品种，是武夷山当家品种。

十种[7]。菜茶乃为实生种，即普通茶种也。其余均系用无性繁殖由外地输入，水仙一种系由水吉之大湖小湖传入①，历史仅数十年。乌龙、铁观音、梅占、奇兰、桃仁等四种，直接或间接移自安溪。乌龙于道光年间，由安溪人詹金圃氏先移建瓯，再由建瓯移植武夷。铁观音、桃仁、奇兰于二十年前方由安溪移入，产量无多。雪梨仅浆[8]潭岩、水帘洞及幔陀峰有之，为数极少，闻亦系二三十年前由安溪移入，然据庄灿彰先生《安溪茶业调查》②，安溪并无雪梨之品种，惟其特征极似其所写之大叶香橼[9]，或即为大叶香橼，好事者另名之为雪梨耶？玉桂、黄龙只水帘洞有数十株，闻其茶苗亦购自大湖，黄龙状似菜茶，玉桂形似大叶乌龙，当为另一变种。兹将各品种之特征，述之于下。

（A）菜茶：因系种子繁殖，经长久时间之栽培，天然变异甚多，植株品质相去甚远，叶形相差甚大，就肉眼观察，叶身有细长、椭圆等之分，叶面有绉缩、光滑之别，树势有高达一丈，矮及一尺，成直立披张圆形沟

---

① 水仙茶树原产于福建南平市建阳区小湖镇大湖村。

② 庄灿彰：（1908—?），福建惠安人，金陵大学农学学士，1935年任国民政府福建省建设厅福安茶叶改良场技师。《安溪茶业调查》发表于1937年，分绪言、社会背景、栽培环境、栽培历史、栽培面积与生产数量、繁殖方法、栽培品种、栽培与管理方法、制茶方法、安溪茶之检验、品种谈、茶之贩卖、复兴安溪茶业计划与结论等篇章，是了解与研究彼时安溪茶业面貌的重要资料。

等态。

(B) 水仙：树势高大，枝条直立，质脆叶厚，尖椭圆形，叶大通常为 8.5 cm[10] ×3.5 cm，平均约 12 cm×5 cm，叶面光滑，呈深绿色，锯齿较深而疏，枝条较稀，节间稍长，新枝红褐色，老枝则呈灰白色。花大而稀少，不易结实，叶易发酵，成茶条索较其他品种所制者粗大，极易辨识。

(C) 乌龙：有大叶、小叶两种，大叶者树高五六尺，枝条向上伸展而披张，树态成圆形，枝条稍脆，但较水仙为韧，叶边端基部略钝，近长圆形，叶大通常为 6.1 cm×2.2 cm，平均约 8.0 cm×3.6 cm，平展，两侧向内卷，状如水沟，锯齿细密，呈浓绿色。小叶者树高二三尺，枝条向侧方伸引，树干屈曲多姿，而成矮性披张形，树皮灰黑，叶面亦浓绿色，不甚平展，叶主脉特别明显，叶大通常为[11] 5.2 cm×1.9 cm，平均约 5.1 cm×2.3 cm，尖椭圆形，制成茶叶，色泽乌黑调匀，香气特高。

(D) 桃仁：树势高大，略次水仙，枝条伸展成圆形，叶薄而软，先端略带斜形，脉间叶肉隆起，锯齿浅密，叶平展，色深绿，幼芽微呈黄色，叶大[12] 通常为 4.8 cm×1.8 cm，平均约 6.3 cm×3.1 cm，成椭圆形，节间短，枝条密，叶量多，生活年限短，易枯死。

(E) 奇兰：树势高大，有如桃仁，枝条上伸成直立形，叶平展，叶尖梭，小部分略带斜形，叶面光滑，呈淡

武夷岩茶

绿色，幼芽略带黄色，锯齿深密，叶大约通常为 6.3 cm ×2.6 cm，枝条较稀，节间稍长，花少而能结实，实生种与母树无异，有"奇兰不背祖"之称。

(F) 铁观音：树高四五尺，枝条向上伸展而略披张，节间短，叶量多，叶肉厚，叶平展，间亦有两缘略向后翻，尖端向后垂者，锯齿整齐而深，脉间叶肉隆起，叶面光滑油润，呈深绿色，叶大通常为 4.6 cm×2.2 cm，成椭圆形。

(G) 雪梨：树高四五尺，树势披张，枝条颇软，叶大为其特征，脉间叶肉隆起，锯齿浅而疏，叶颇厚，呈黄绿色。叶大通常为 8.5 cm×5 cm，近圆形，屈曲而不平展，叶量少，新枝带红色，老枝呈灰白色，略似水仙。

(H) 玉桂：树高五六尺，枝条向上伸展而略披张，极似大叶乌龙，叶成长椭圆形，叶大通常为 8.1 cm× 3.0 cm，锯齿浅密，叶面光滑，叶肉颇厚，伸长平展，两侧略向内卷，枝条颇脆，呈灰白色。

(I) 黄龙：树高四五尺，树形颇似菜茶，叶呈深绿色，嫩叶微泛红色，叶面光滑细嫩，锯齿深密，叶边端钝圆，叶侧脉由六对至十对，脉间叶肉微隆起，伸长平展，叶大平均为 6.5 cm×2.8 cm，成长椭圆形，枝条略软，呈灰白色。

（二）岩茶名称

武夷茶之名色不一，盖好事者为之也。其名亦历代均有变迁，宋苏子瞻诗名"粟粒"，后诗人亦多引用之。元高兴制"石乳"入献，则又以"石乳"名，御茶园设置，制"龙团"。明洪武间，不制龙团，而分茶名为四，曰："探春""先春""次春""紫笋"。徐𤊻《茶考》又有"灵芽""仙萼"之称。清《山志[①]·物产·茶》载分为"岩茶""洲茶"，附山为岩，沿溪为洲，岩为上，洲次之。第岩茶反不甚细，有"小种""花香""清香""工夫""松萝"诸名。现今岩茶名色，除"水仙""乌龙""桃仁""奇兰""雪梨"等成茶各用品种原名外，由菜茶制成者可分为"焙茶""名种""奇种""单欉""提欉"五种，兹细述如后。

A. 焙茶：焙茶系由初干后簸出之黄片，加以筛分制成者，品质最下，价亦最廉。

B. 名种：名种为洲茶制成之茶，或半岩茶在制造上处理失当，或因气候关系，不能制成预期之成品，色香味均欠佳者。

C. 奇种：奇种为正岩茶，色浓，香清，味醇，具有岩茶之特征。

D. 单欉：单欉系选自优异之菜茶，植于危崖绝壁之上，崩陷鳞隙之间，单独采摘，焙制，不与别茶相混合，藉以保持该茶优异之特征，品质驾乎奇种之上。

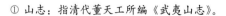

① 山志：指清代董天工所编《武夷山志》。

武夷岩茶

E. 提欉：提欉则又提自千百欉之单欉中之最优异者，采摘制造均维谨维慎，品质之佳非言语或文字所能形容，如天心岩之"大红袍"，慧苑岩之"白鸡冠"，竹窠之"铁罗汉"，兰谷岩之"水金钩①"，天井岩之"吊金钟"等是。

（三）岩茶产量

岩茶产量，向无精确统计，贡茶时期，数量无多，在明代，据《茶考》所载："岁所产数十万斤，水浮陆转，鬻之四方。"于清无可考。民国十三年间，山中茶厂百余家，三十六峰，九十九岩，均有经营之者，年产约二十万斤左右。民十八年后，屡遭兵燹，民不安业，更以原有市场被台茶廉价倾销，销路不畅，岩园荒芜，产量锐减，民国廿三年仅产三万五千余斤。据吴心友先生调查，民国廿六年为四万一千斤；据林馥泉先生调查，民国廿九年为四万九千斤，民国三十年为三万四千余斤，衰落之甚，良深叹惜！兹将三十年武夷岩制茶厂概况调查表，录之于后。

---

① 水金钩：今作"水金龟"。

岩别	岩主[①]姓名	包头[②]姓名	代表人	本年制茶数量（斤）	茶树品种	著名提樅	茶工人数	备考
清源岩	示范茶厂	周接凭	张天福	880	菜茶、水仙、乌龙、奇兰、桃仁、铁观音		45	现已移交茶叶研究所接管
竹窠岩	示范茶厂	陈书岩	同上	100	菜茶、水仙、乌龙、铁观音	铁罗汉、铁观音	37	同上
碧石岩	同上	林垂清	同上	650	菜茶、水仙、乌龙、桃仁	大红袍、黄龙	32	同上
龙峰岩	同上	郑钦福	同上	631	菜茶、水仙、乌龙		31	同上
庆云岩	同上	黄耀彬	同上	920	同上		41	同上

① 岩主：岩之所有者称为岩主。岩主在本山设有岩厂，山麓设有茶庄，原籍所在地设有茶号，分头经营。

② 包头：武夷岩茶生产经营最基层组织为在山岩厂，各厂设有包头一人，以包工制度代理岩主栽种采制，岩主照产茶量给以工价，俗称"包价"。包头分有"大包""小包"二制，"大包"除交管茶山及制茶厂外，仅得岩主主要茶之产制工具，其余均由包头自理。"小包"则除茶工膳食工资由包头负责外，一切用具材料均由岩主供给。

武夷岩茶岩别

13

廖存仁 茶学存稿

岩别	岩主姓名	包头姓名	代表人	本年制茶数量（斤）	茶树品种	著名提横	茶工人数	备考
桃花岩	同上	黄益英	同上	670	荣茶、乌龙	虎须、佛手	34	同上
桂林岩	同上	陈礼乐	同上	520	荣茶、水仙、乌龙	金鸡母、白柳条	29	同上
佛国岩	示范茶厂	陈茂可	张天福	580	荣茶、水仙、乌龙、桃仁、奇兰	金锁匙、不知春、苦瓜	33	同上
弥陀岩	同上	廖贵生	同上	1000	荣茶、水仙、乌龙	玉桂、金锁匙	43	同上
三仰峰内厂	彭德贵	林垂德		805	荣茶、水仙、乌龙、奇兰、桃仁、铁观音		39	
三仰峰外厂	刘春文	吴森月	彭大伍	750	荣茶、水仙、乌龙、奇兰、桃仁	金锁匙、玉桂	36	
幔陀峰下厂	奇苑茶庄	应中梅	林达道	955	荣茶、水仙、乌龙、桃仁、铁观音		41	

岩别	岩主姓名	包头姓名	代表人	本年制茶数量（斤）	茶树品种	著名提樅	茶工人数	备考
嘿陀峰上厂	同上	黄天万		1207	菜茶、水仙、乌龙、奇兰、桃仁、梅占、雪梨	半天天	51	
马头肉厂	马头岩庵	黄生发	潘道人	611	菜茶、水仙、乌龙、奇兰	白牡丹、铁罗汉	32	
浆潭岩	芳茂茶庄	杨烈通	廖梅芬	470	菜茶、水仙、乌龙、桃仁、奇兰、雪梨、铁观音		36	
天心岩	永乐寺		妙常和尚	1725	菜茶、水仙、乌龙、奇兰	大红袍、半天天、不见天	80	
兰谷岩	李荆膽	陈书民	李荆膽	590	菜茶、水仙	水金龟	34	
天井岩	合记茶庄	陈礼貌	李传新	940	菜茶、水仙、乌龙	吊金钟、过山龙	52	

武夷岩岩茶

廖存仁 茶学存稿

岩别	岩主姓名	包头姓名	代表人	本年制茶数量（斤）	茶树品种	著名提樅	茶工人数	备考
幔亭峰	徐大好	徐大好	徐大好	800	菜茶、水仙、乌龙		34	
天游岩	祝赤姑[13]	祝赤姑	祝赤姑	1150	菜茶、水仙、乌龙		43	
水帘洞	林小细	林小细	林小细	1275	菜茶、水仙、乌龙、奇兰、桃仁、雪梨、玉桂、黄龙、铁观音、梅占		61	
水帘洞	茶峰茶庄	吴森志	林绍周	380	菜茶、水仙、乌龙、桃仁、雪梨、白牡丹		22	
水帘洞	兴记茶庄	张辉彬		150	同上		11	
霞宾下厂	奇苑茶庄	陈茂可	林达道	500	菜茶、水仙		33	
慧苑西	集泉茶庄	陈诗讽	鲍书图	1092	菜茶、水仙、乌龙	白鸡冠、铁罗汉、白瑞香	48	

续表

岩别	岩主姓名	包头姓名	代表人	本年制茶数量（斤）	茶树品种	著名提楼	茶工人数	备考
脑岭厂	奇苑茶庄	蔡凤泰	林达道	920	菜茶、水仙		43	
刘官寨	集泉茶厂	陈书斤	鲍书图	925	菜茶、水仙、乌龙		55	
龙珠岩	奇苑茶庄	黄盛泰	林道	150	同上		11	
马鞍岩[14]	泉馨茶庄	陈平浈		500	同上		33	
凤林岩	芳茂茶庄	洪良盛	廖梅芬	600	菜茶、水仙、乌龙		25	
瑞泉岩	瑶珍茶庄	陈学识	杨雪六	210	同上		10	
蟠龙岩	兴记茶庄	李招文	李 桃	300	菜茶、水仙、乌龙、奇兰		12	

武夷岩茶

岩别	岩主姓名	包头姓名	代表人	本年制茶数量（斤）	茶树品种	著名提楼	茶工人数	备考
文公祠岩	朱辑斋	胡祖大	朱辑斋	460	菜茶、水仙、乌龙、桃仁		34	
蜂窠岩	黄测沛	吴仁仕		400	菜茶、水仙		26	
蟠同岩	赵富荣	赵富荣	赵富荣	1800	水仙、菜茶		64	
蟠源岩	徐炳荣	徐炳荣	徐炳荣	1600	菜茶、水仙、乌龙、奇兰		65	
龙心岩	徐华盛	徐华盛	徐华盛	1200	菜茶、水仙		46	
玉华岩	辅记茶庄	吴森见		150	菜茶、水仙、乌龙、桃仁	白牡丹、白龙		未雇工人
神通岩				150	同上			未雇工人

廖存仁 茶学存稿

四、岩茶栽培

（一）茶园垦辟

开辟为栽培之初步工作，如所辟茶园为平地，工作较为简单，仅须除去杂草，掘松泥土，加以整理，即可种植。如荒坡山地，则须除去野草杂树，视其所便，或用火烧，或用刀砍，迨地面清除之后，翻起土块，掘去树根草根，使土壤曝晒风化，再加整理，即可栽种。武夷山因地势关系，多削壁危岩，茶树栽植或依山临崖辟之以成园，或砌石移土以蓄檬，依山之形势辟成层叠之阶段，面积大小，植茶数目，概视地势而定。又因地势崇高，表土容易流失，为防止雨水冲刷，妨碍茶树生长起见，多砌石筑岸，使不致崩坏。如至水帘洞、马头岩等处，见石砌之阶梯茶园，或长方形，或半圆形，自麓至巅，达数十层，其整齐美观，国内茶园恐无可与媲美者。

（二）茶树蕃殖

岩茶除菜茶用有性繁殖外，余均用无性繁殖，兹述之如下。

---

① 蕃殖：即繁殖。

A. 有性繁殖（即种子繁殖）：有直播与移植两种

（甲）直播法——在秋末冬初时，采下老熟茶果，除去外壳（亦有不去壳者），剥下茶籽，在选定种茶之茶园中，分为若干行、每行距离五六尺，每隔五尺左右，开阔尺许、深四五寸之穴，然后投入茶籽五粒至十粒，各茶籽须平铺于穴底，不可堆积，上盖细土二三寸，以不露出为度，轻轻平压，如天气阴湿，可不必浇水，否则每隔二三日浇水一次，约三四旬即可发芽。

（乙）移植法——先择土壤肥沃，灌溉便利之处，辟作苗床，或利用厂傍茶园，耕松土壤，整成畦形，每隔五寸左右，采下种子，盖以松土。播种时间，多在秋末冬初，每隔二三日浇水一次，直至幼芽出土。经二年后，幼苗高尺许，即行移植，用锄头仔细掘起，根部不可受伤，再将已垦之地，掘穴深约七八寸，放植茶苗三四株至五六株，栽后以手轻覆细土，灌施稀薄之人粪尿。武夷茶农用移植者多，用直播者少。

B. 无性繁殖：有压条与插条两种方法

（甲）压条法——先选定生长优良无病母树，于春季芒种前，将外向嫩枝渐渐攀下，埋入土中，约二寸左右，并加压石块或土块于其上，以免枝条弹起。经一年后，地下部分生出多量须根，即用刀自母树切断，栽于茶园。受压母树不宜太老，太老则压条困难，生根不易。

（乙）插条法——每当春季或夏季梅雨时节，选定苗

床，将插穗向北斜插，以入土一寸半为度。充分灌溉，经
一二年后，即可移植于茶园。插穗以当年生长之新枝为最
佳。此种新枝势力旺盛，多有极长之节间距离，及苗壮之
新芽，最易生出须根。武夷茶农因土壤瘠薄，生根不易，
发育不良，加以茶欉名贵，除菜茶外，鲜有自行育苗者。
水仙茶苗，多来自水吉之大湖小湖。乌龙、桃仁、铁观音
等，则多由茶商直接自安溪带入栽植。

（三）茶园管理

武夷茶园，平时管理概由包头任之，岩主素少过问，
唯所需费用，则由岩主借贷。在昔茶市旺盛时，管理尚属
认真，现以销路阻滞，岩主不加督促，包头懒于管理，已
无当年之整齐美观矣。茶苗种后三年，行一二次中耕除
草。老茶则于立夏后，摘完头春茶，举行深耕①一次，将
株欉边土壤翻开，以促下部新根之发展，经三四月后，至
秋末冬初，土壤相当风化，即将前翻掘之土，仍培置于茶
株根部，免受冻害。经营较佳之茶园，于春茶开采之前，
尚须举行除草一次，但为数极少。

武夷茶树，素不施用肥料，每于三数年添土一次，将

---

① 深耕：在春茶采制结束后，对茶园进行深挖，以疏松土壤，将
深层的土壤上翻，以熟化土壤，对在土中的害虫有一定的抑制作用，
破坏表层根系，促进根系向深处生长。

武夷岩茶

肥沃客土运壅于茶树周围，俗称"填山①"。一则增加土壤养分，再则使茶树产生新根，是以树龄愈老，填山愈高。唯年来以种种关系，多无力举行填土工作，以致茶园土壤大部瘦瘠不堪，茶树生育不佳，产量为之锐减。至于病虫害，从不加以防治，以为此乃天数，非人力所能挽救，虫害到处可见；而水帘洞、马头岩等处，水仙之烟煤病②几遍园皆是，情形更为严重。

五、岩茶制造

（一）制茶厂组织及设备

武夷茶厂均为小规模之手工制造，大厂每年制茶千余斤，小厂三五百斤不等。厂中除包头及长工数人终年驻厂工作外，他如指挥采摘之带山茶司及主持做茶之做青茶司等，均系临时由江西上饶、河口一带招雇，彼等于茶季时来岩工作，茶季终了返还原籍。制茶时岩主本身并不住岩上，多由包头负责产制，岩主仅派人驻厂监督验收，俗称"起茶先生"。

---

① 填山：也称客土，将茶园以外的新土挑运填入茶园内，增加耕作层，以补充茶树所需的有机质和矿物元素，代替施肥，提高茶叶产量与品质。

② 烟煤病：可参考尹在继《武夷山茶树病虫害调查》（《茶叶研究》，1945 年第 3 卷第 7～12 期）。

包头为代替岩主经营茶园管理茶厂之实际工作者，彼等将茶叶制成后缴交岩主，岩主凭重计给山价，拣出茶头则由包头取用，作为茶工日常饮料。盈亏由包头自理，与岩主无涉。此等包头多为江西上饶人，操闽南语，因籍隶闽南，洪杨乱①后，移自漳州、泉州者。对岩茶情形非常熟识，且诚实可靠。岩主于每年茶季终了时，即须决定包头人选，并贷款以供管理茶园之用，至年缴交茶叶时于山价内扣还。制茶时厂中工作之分配，极为认真，秩序井然，无劳逸不均、工资不平之弊。

　　开山之日，全厂茶工黎明即起，例不言语。盥洗毕，先由带山茶司领导在厂中供奉之杨太伯神位焚香行礼（据云，杨太伯为江西府[15]州人，系开发武夷山始祖）②。行礼毕，全体肃立进餐。餐毕，由带山率队上山采茶，采工不得回顾。包头立于厂门前放爆竹欢送，态度肃穆，颇饶兴趣。直至开采后一二小时，包头到茶园分赠黄烟后，各采工始能言语，废除一切禁忌。

　　采工于晨曦上山采茶，至天色昏黑方得回厂。午膳由

---

　　① 洪杨乱：指洪秀全、杨秀清领导的太平天国运动（1851—1864）。
　　② 衷干《桐木关茶区行脚》："武夷山及桐木关各茶厂都供奉杨太伯公，这个杨太伯公据说是江西人，乃开辟茶园的始祖，但他是什么朝代的人，那就无从查考了。这次在桐木关一家茶厂内，看见供奉杨太伯公，同时还供奉杨太伯母桑氏夫人。今而后，我们不但知道有杨太伯公，而且知道有杨太伯母，这也可说是茶业界一段小小的逸话。"（《武夷通讯》1～10期合订本，1942年）

武夷岩茶

厨夫送至山中,例不返厂用膳,晚饭后匆匆入睡,一闻竹节之声(约在夜间十时左右)即须起床炒茶揉茶,及至当日所采茶叶炒揉完毕。如时间尚早,可再上床少睡,否则即须上山采茶,故茶忙时,仅能于晚饭后未炒青前少睡二三小时。做青茶司亦极劳苦,每晨八时左右,第一次茶青入厂时开始萎凋、发酵工作,自是连续操作,少则六七次,多则九十次,须将当天茶青处理完毕,交炒后方能入睡。茶忙时,只能于早晨茶青未进厂前稍息二三小时而已。厨夫之工作,除煮饭送饭及挑水等杂务外,并须入山挑青,终日往返不息。烘焙司于开山之日,日中稍有余暇外,其后夜中打毛火,簸黄片,日中打足火,制焙茶,亦倍加辛劳。

厂中设备,可分厂房设备与制茶用具两种:

1. 厂房设备:普通有做青室、炒青室、烘焙室、储存室、茶工宿舍等。

2. 制茶用具[①]:有采茶篮、青篮、青弧、青筛、水筛、萎凋棚、萎凋架、炒茶锅、揉茶簾、焙笼等。至其房屋之大小,与制茶用具之多寡,须视制茶数量之多少而定。

---

① 制茶用具:可参看郭仰泰、倪郑重《武夷岩茶制茶器具图解》(《茶讯》1939年第1卷第6期)。

（二）岩茶制造方法

初　制

（A）采摘

岩茶采摘时间，均在立夏前后一二日。据老茶农云：四十年来，仅有两年开山时期破例，一年在宣统元年，开山日期，提前于立夏前十七日；一年在民国十四年，开山日期，提前在立夏前十九日。采工对鲜叶采摘，并无一定之准则，普通总以嫩芽展开三四叶，新梢长至二三寸时，再连茎带叶一并采下。缘岩茶以制造程序繁琐，采摘过嫩，经不起炒锅与重揉，成茶多呈白毫，重量既减，品质亦逊，水色淡，香气低。须长至相当程度，经猛火锅炒，重力搓揉，品质始佳。茶工不明此义，以为采摘愈粗放，愈能制成品质优良之成茶，于是有愈老愈好之势。其实三叶一芽所制成之茶，其二叶条索美观，最下一叶，半叶有条索，半叶已成黄片，如再粗采，不但无补于数量，且多费拣工，影响成本。据调查，岩茶初制时平均四担即可拣出茶梗黄片一担，精制时所拣出者，尚不在其内。

其采摘方法，系手掌向上，以食指活动勾搭鲜叶，用拇[16]指将叶压服于中指二节弯上，然后以拇指指头之力，将茶叶轻轻摘断，摘断之叶，留于掌中，俟摘满一把后，再轻轻放入茶篮。采时依横进行，一横采毕，再采二

武夷岩茶

檫，一行采毕，再采次行，极有秩序。采下茶青，各人置于肩上之茶篮内，俟挑青工人到山，即倾进青篮，令其挑回处理，毫无紧压久放，致内部发热成分分解发生红变之弊。如遇品种不同，或名贵之单檫，则于篮中用白布或树叶分隔，以免混乱。[①] 挑青工人自晨起七八时起，入山挑青，视茶青多寡，茶园远近，每日挑十次八次不等，总以采下鲜叶以不久放山中为原则。每人每日采量自七八斤至二三十斤不等（水仙因叶较大，手法敏捷者可采四五十斤）。

采工工资系以一春（约十五日至二十日）计算，除带山而外，分头等、二等、三等以至七、八等。在昔日最低者五元已足，最高亦不过十元。近来因物价飞涨，生活奇昂，头等工资六十元，最低二十五元，带山有高至一百二十元者。其等级之评定，不但以日中采量之多寡，且须视夜间炒茶揉茶之技术优良与否而定。包头审察茶工采量之

---

① 林馥泉《武夷茶叶之生产制造及运销》："品种不同，或属单檫之鲜叶，须分篮挑运，或一篮之中，设法隔分使免混杂。昔年对于单檫茶青，在山场之处理，甚为仔细，每一单檫，均有编号，各树挂竹签，写明种名为记外，尚由茶庄厂主每春发给二尺方之白布数块，每一单檫鲜叶，用白布一块隔分盛之，并将原挂茶树上竹签取下，放于布上，以免混杂。现因简就陋，废用已久。小数茶厂尚用纸张隔开，大部则采用树叶隔分。惟树叶稀疏，混杂难免，且无挂牌，更多错误。此事虽小，但有关品质，仍有倡用之价值。用纸虽无不可，但雨天容易破烂，不甚合用，若因用布价昂，亦可用竹制小筐以代之。"

多寡，乃以秤秤之。秤有"明秤""暗秤"之分，明秤系明告拣工于今日某时须行秤重；暗秤则出其不意，突至山中取而秤之，采摘最少者须拿"令旗"而归（旗乃包头备好，每日由带山拿出者），一面用为惩戒，另一面则用以鼓励，法至完善。

(B) 萎凋

萎凋为半发酵之乌龙茶必经之步骤，其目的在于蒸发水分，软化叶状，并促成叶中成分发生化学变化，使成茶得到预期之色香味。以学理言之，萎凋可分物理与化学两种。物理的萎凋，即鲜叶枝梢中水分的丧失。化学的萎凋，为叶中化学成分之变化，如涩味之复杂体单宁变为收敛性之单宁等是。此种化学变化，须待叶细胞生机减少到某一程度，乃能开始。盖茶叶自树上采下后，其生机虽逐渐减毁，但呼吸仍能继续进行，唯因根部接济断绝，叶中干物量乃代之而充饲料，碳[17]水化合物乃致分解消耗，迨水分丧失至相当程度，生机感到维持困难，化学变化始呈激进。岩茶萎凋，即本此原理而进行，先用日光曝晒，完成物理萎凋，然后移入室内，继续化学萎凋。此项工作实属不易，在经验丰富、技术老练之武夷茶师，方能处理

得当，达到真善真美之程度①。兹将萎凋方法，详述之如次。

甲　阳光萎凋：茶青进厂后，即倒入青弧内（篾制直径约一七五公分，高三十公分，有网眼可以通风），用手抖开，免内部发热红变，再以敏捷手法，摊布于竹制圆筛中（俗称水筛，直径为九二公分），每筛容量约一市斤，摊布极薄。摊时一人持筛，一人扫叶②，持筛者俟茶青放上，两手左右稍一抖转，茶青即匀摊于筛之全面，俗谓之"开青③"。摊好之后，再由另一人递放于萎凋棚上曝晒，谓之"晒青④"。初采茶青，以所含水分过多，富弹性、有光泽。经日光晒后，叶片渐呈萎凋，光泽亦渐减退，乃两筛并为一筛，摇动数下，再晒片刻，即移入室内之凉青

---

① 达到真善真美之程度：指萎凋适度，即倒青适度，主要根据叶态的变化来掌握。外观上，茶青由鲜绿色转为暗绿色，刚采下的茶青表面富有光泽，呈鲜绿色，经倒青逐渐转为暗绿变淡，失去原有光泽；质地上，用手触摸可感茶青质地由偏硬转为稍软，叶缘稍卷缩，手持茶梢基部第二叶会自然下垂（倒青及后续工序均以第二叶为判断标准）；香气方面，由夹杂水味的青臭气转为略带清香。倒青叶减重率为 10%～15%，但梗中还保持较充足的水分时为适度，即可移入室内凉青。

② 扫叶：此处应为撒叶，将青叶投向筛面的意思。

③ 开青：是晒青中的一个重要环节，动作不易掌握。由青师傅两手持水筛，通过抖转，将茶青均匀平铺于筛面上。

④ 晒青：即日光倒青。茶青倒入青弧内，抖松散热，再经过开青，将茶青均匀平铺于水筛上，置于太阳光下进行晒青，晒青时间应根据茶青老嫩、品种、采摘时间、产地、气候等因素决定，其间可翻拌茶青1～2次，可采用"两晒两晾"方式。

架上，施行凉青。曝晒程度与时间，并无一定，须视茶青进厂之先后，水分含量之多寡，鲜叶之老嫩，与品种之分别，例如第一次茶青，所晒程度较第二次茶青所晒程度稍轻，第二次又较第三次为轻。此以第一次及第二次炒青，均须至夜间炒揉，经过时间较长，不能于第一次处理时，即使水分蒸发过多，致其他处理步骤发生困难，不能迟至夜中同时炒揉也。又如水仙因叶肥大，所含水分较多，如一次曝晒时间过久，叶片已成焦枯，叶柄叶脉水分仍未及蒸发，故较菜茶曝晒时间须短，即两筛合并一筛，放于室内之凉青架中，使叶柄叶脉水分扩散到外部，再移出复晒片刻，水分乃能蒸发至适合程度。唯如此处理，工夫较大，茶忙时，多不能如此举行，全凭茶司之经验斟酌情形行事。普通总以叶片半呈柔软，两侧下垂，失去固有之光泽，由深绿色变成暗绿色，水分蒸发百分之七—八为适度，温度如在摄氏廿八度，约需时四十分，如在三十度以上，则三十分钟即可。

以上系指晴天而言，如雨天则须加温萎凋，俗称为"烘青①"，此乃不得已之举。烘青影响成茶品质极巨，使香气减低，滋味淡薄。烘青设备系于焙间之上，离地约三公尺处，铺设细长木条楼板，楼板并不密接，留有空隙，

———————

① 烘青：即加温倒青，将茶青摊于青楼二层的竹帘上，用柴火加温。其间适时翻拌茶青，使茶青受热均匀。

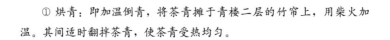

武夷岩茶

板上铺以疏孔之竹帘①，茶青平摊于帘上，厚度约半寸左右，楼下燃烧木柴于入门之处，并于楼板下悬空二尺之地，搭一木架，上盖以破旧竹帘，为使热气不致直冲楼上，而能传散全楼，烘时须勤加翻拌，使茶青受热均匀，各叶所受火力，无过与不及之弊。据老茶人云：昔年茶景旺盛时，烘青设备颇为考究，加热系用木炭，炭置小铁锅中，锅安木架之上，架有车轮，可随意推动，遍走室内。后以茶景衰落，遂因陋就简，改烧木柴。

其实烘青不仅在雨天举行，即在晴天下午四时以后进厂茶青，亦须烘青，因傍晚日落西山不能曝晒也。烘青目的与晒青同，其时间亦无一定，如雨天之水青，则时间须长，晴天傍晚之干青则时间短，总以叶片柔软，发出清香为适度。火力不宜太高，以摄氏三〇—三五度为最适合，时间约一小时至二小时之间，烘好之后，即取至楼下放青弧上，摊水筛中凉之，每筛约三市斤左右。

乙　室内萎凋："凉青②"即为室内萎凋，目的在使防止叶中水分迅速蒸发，过于枯萎，妨碍做青工作，并促进内部化学变化。时间约一小时至二小时。当幼芽第二、三叶由深绿色转到黄绿色，茶青亦由萎凋状态呈原有之新鲜状态，即将三筛并为两筛，摇动数转，依筛之形态堆成

---

① 竹帘：竹篾编成，孔眼 7～8 mm，放烘茶室之上层供烘茶之用。

② 凉青：即倒青后之晾青，使青叶散失内部热量并继续失水，同时让梗与叶脉中水分扩散于叶面，达到水分平衡运动的作用。

外高内低之圆圈形，移入青间进行"做青①"工作。

（C）发酵

乌龙茶类之"做青"，其主要作用固为发酵，但一部分之萎凋，仍在此时继续进行，故其处理与红茶发酵之处理完全不同。红茶系在揉捻之后，叶中细胞破裂，叶汁流至叶面，叶中成分如茶单宁等与空气接触，因酵素而起氧化作用，单宁等受氧化作用而成红褐色，溶解于水中之物质及原来带有涩味之单宁质，逐渐减少，粗蛋白质及非氮浸出物均增加，茶味于是变成辛涩刺激中带有兴奋浓厚之味，茶香原料之精油亦继续生成，使红茶具有红茶之特征。乌龙茶发酵乃在揉捻之前，设法使叶缘细胞破裂，而起氧化作用，而得红茶之色香，与绿茶爽快刺激之味感，其发酵程度，仅须三分红变七分绿②，形成所谓绿叶红镶边，叶缘水分消失呈半焦枯状态，叶之中部则仍含有多量水分，作淡绿色，中间凸出成龟背状，俗称"汤匙叶③"，

---

① 做青：通过晾青、摇青，再晾青、摇青，交替循环，反复多次，根据"看青做青、看天做青"的原则来决定摇青次数和轻重以及晾青厚度和时间，当青叶呈现"绿叶红镶边"，为"三红七绿"时，即可进入炒青工序。

② 三分红变七分绿：做青适度的茶青绿叶红镶边的程度为三成红七成绿左右。

③ 汤匙叶：也称汤匙状或龟背状。做青适度时，叶片水分含量不均衡，叶缘水分散失较干而收缩，叶背稍向内卷，而叶中部含水量较多而向外凸起，呈汤匙状或龟背状。

武夷岩茶

即为适度①。

茶青移入青间，目的并非完全发酵，一面仍赓续进行化学萎凋，已如前述。青间系一密室，满置凉青架，用以放茶青，除出口之外，不另开门窗，室内有空隙处，悉用纸裱补，以防漏气。茶青由凉青架移入青间后，历二三小时，渐作淡绿色，即由四筛合并三筛，再以双手执筛之两侧，辗转摇动二三十下，称为"摇青②"。当摇动时，茶青在筛内成螺旋形，顺序滚转，滚转作用在使叶缘互相击撞，细胞破裂，使酵素发生化学变化，摇后并以双手手掌

————————

① 即为适度：关于茶叶萎凋与发酵是否适度之判断，有三种方法：（1）手触——在最后一二次"摇青"及"做手"时，凭手触叶，由皮肤之感觉，叶若柔软如棉，即证明萎凋程度适宜。萎凋适宜，发酵程度亦已相当，即可行炒青。（2）眼看——自第三次"摇青"及"做手"起，每次均须用手提叶数片，对灯光照看，如见多数叶面已清澈，绿色变淡，可知叶内水分无多，呼吸迟缓，生机大减，若干种组织成叶绿素之碳水化合物，即自分解，供给营养，酵素大起作用，单宁逐渐变色，叶之尖端及边缘已呈枯焦，现出红色，萎凋及发酵进行，得即刻使其停止，以免水分蒸发超过一定限度，或招致发酵过度，因而无法炒制。（3）鼻闻——茶叶固有之香性精油，随萎凋时水分蒸发而扩散，随细胞破坏发酵作用而逐渐挥发，闻之香味浓厚，芬芳悦鼻，可断定香之由来，实出于良好之萎凋，与发酵而得之。（参见林馥泉《武夷茶叶之生产制造及运销》）

② 摇青：用水筛进行手工摇青，使青叶在水筛面上作旋转与翻滚运动，茶青与筛面、茶青之间相互摩擦碰撞，经过多次摇青后，让青叶呈现绿叶红镶边，重摇时可以加以"做手"。根据"看青做青"的原则来决定摇青程度，每次摇青后，茶青都呈现出不同程度的还阳状态。

拨动茶青一二十下，称为"做手①"。拨动目的在辅助摇动时互撞力量之不足，促进发酵。拨动后，复摇数下，使叶松解，然后将茶青铺成内陷斜坡（沿筛之外围堆高，中央堆薄，筛之边沿留有二寸空地，不摊茶叶），仍置于青架上。茶青经摇动后，渐呈萎软，俟放置相当时间，枝部所含水分经扩散作用，达于叶片，渐呈澎涨状态，复生硬坚挺，制茶工人对此极为神秘，谓之为"茶青还阳②"。此时再由四筛并为三筛，依前法摇做数十下，并将堆放面积缩小，俟二三小时后，再行第三次。做后将茶青铺成中有直径五寸孔洞之圆圈，成凹字形。茶青摇做次数与做手之轻重，视茶青之需要而定，即所谓"看青做青③"。早晨茶青与傍晚茶青大有分别，早晨茶青须留至夜间炒揉，处理时间较长，摇做次数须多，做手须轻，摇做次数多以免筛面鲜叶水分蒸发太甚，致使干燥。时常摇动，则内外茶青水分可互相接济，蒸发均匀。做手轻为使叶缘细胞慢慢破坏，以防发酵过度。傍晚茶青则反是，因离炒揉时间较短，不能多次摇做，摇做时非多摇重做，不能促进发酵，继续早青炒揉。又如水仙因叶之表面比菜茶为幼嫩，

---

① 做手：亦称碰青，将双掌直竖，用双手将茶青挤合放松，进行轻轻拍打抖碰，使青叶互碰而摩擦，以弥补摇青之不足。

② 还阳：青叶经过摇青后，叶片呈充盈紧张的状态，叶面恢复光泽。

③ 看青做青：根据茶树品种、采青时间、产地、老嫩度、倒青程度等不同情况来决定做青的手法和程度的掌控。

武夷岩茶

廖存仁 茶学存稿

处理时尽量避免手之碰伤。翻青①及做手均须极为仔细，并以多摇少做为佳，倘做手过重则全叶变红，普通总以三次至五次为最多，堆置面积则随做青次数而形缩小。更有一原则，即幼青水分含量较多，品质较优，做时手法宜轻，以免细胞损伤太甚，拨动离筛宜高，使水分易于蒸发。老叶因水分含量过少，细胞组织较大，做时手法宜重，离筛宜近，以免水分过量蒸发，叶细胞能破裂至相当程度。兹将天心岩制造大红袍之记载，录之于后，以供参考。

大红袍采制记录②民国三十年五月十七日

茶树地点： 天心岩九龙窠。

采摘时间： 上午八时三十分。

茶青重量： 二斤四两。

晒青时间： 自九时卅分至十时卅分共一小时。

晒青筛数： 分摊四筛。

晒青翻拌次数： 九时五十三分翻拌一次。

晒青温度： 由摄氏三十二度升至三十五度半。

凉青筛数： 由四筛拢作两筛（是时茶叶颇为柔软，以手握

---

① 翻青：同"摊青"或"堆青"，每次摇青后，将茶青翻抖摊开，前期薄摊，中后期逐渐堆厚成"鸟巢"状。

② 此记录亦见林馥泉《武夷茶叶之生产制造及运销》。

之，仅微有响声，用手平举叶柄，则叶之前端与两边均形下垂）。

凉青时间： 自十点三十分起至十点四十五分止，共计十五分钟。

凉青温度： 摄氏二十五度。

茶青进青间时间及筛数： 十点四十五分移入青间，由两筛拢[①]作一筛，并拢时摇动十二转，是时茶叶已无烧气，并呈生叶原有之坚挺状态。

青间温度： 摄氏二十一度半（至夜深尚无变动）。

茶叶在青间放置之时数： 十七日上午十时四十五分移入青间，至十八日上午一时二十五分取出交炒，共计十四小时四十分。

做青次数： 共计七次。

第一次　十二点二十七分仅摇十六下，未曾做手。是时茶叶与进青间时无甚差异。

第二次　下午二时八分，摇八十转，亦未曾做手，惟摊放面积缩小，在筛沿内三寸左右。是时茶叶已微有发酵现象，能看出一二片边缘有似猪肝之紫红色。

第三次　四点四十五分，先摇一百转，然后用双手握叶，轻拍二十余下，拍后复摇四十余转。是时发酵程度增加，嫩叶边缘多现紫红色，并恢复茶青原有之生硬状态，

① 拢：同"合"。

摇后仍形软缩，摊放面积大小如前。

第四次　八时五分，摇四十下，未曾用手，茶叶有半数形成绿叶红镶边，并颇硬挺，摊放面积再行缩小，约在筛沿内五寸左右。

第五次　九时十分，摇一百四十四转，茶叶形状与前无异，惟更坚挺耳。

第六次　十时四十五分，先摇一百转，然后用双手握叶，轻拍三十下，再摇五十转，拍三十下，又摇五十转。是时茶叶已全部坚挺，叶边绉缩，叶心凸出，卷成瓢形①，并有一股香气，芬芳馥郁，摊放面积更形缩小，直径约一市尺七寸。

第七次　十二时正，摇六十下，做三十五下，是时茶叶红绿相间②，香气益浓。

十八日上午一时二十五分，处理适度，取出交炒。

炒青时间：

初炒一分半钟，翻拌八十六下，温度估计约摄氏一百四十度左右。｝因时间忽促未
复炒二十秒钟，解块两次，翻两转，及用温度计
温度估计约摄氏一百度。

烘焙：初焙二十分钟，翻三次，温度摄氏八十度。

复焙二点十分钟，温度摄氏六十八度。

---

① 瓢形：同"汤匙形"。

② 红绿相间：即绿叶红镶边。

成茶重量： 八两三钱（茶头焙茶在内）。

做青无论时间之久暂，次数之多寡，总以叶中水分蒸发而呈半透明状态，叶缘干枯而呈红色，并卷成汤匙形，嗅之有桂花香气，而现原有之新鲜状态，即为适度。致制茶工人能于早青晚青均在夜间连续交炒，亦有其秘诀在，如早青发酵至相当程度，而距炒揉时间尚早，则将茶叶堆于筛之中央，茶青中心及外围均为空白，而成一圆圈形状，如此可使空气流通，而不发热，即可减低发酵速率。候至交炒以前，摇动一次，使叶片剧烈碰撞，再略放片刻，取出釜炒，恰好适当，不致过度。迟来茶青或以距炒时间迫促，而发酵程度尚不及，乃于第三次做手以后，则将茶青堆于筛之中央，用力压紧如馒头状，内部温度增加，促进其发酵。

（D）炒青与揉捻

炒青目的为利用高温火力，破坏酵素，停止发酵。时间常在夜间九时以后，法将萎凋发酵适度之叶，投入猛火锅中炒之，温度在一百五十度以上，若[18]炒水仙，须在二百度以上。锅为倾斜设置，后高前低，极便工作。每锅叶量约市秤一斤半左右，炒时以两手敏捷翻动搅拌①，翻动时不宜将茶青过于抖散，以防水分蒸发太干，不便揉

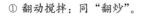

① 翻动搅拌：同"翻炒"。

捻。炒时劈拍之声如放爆竹①，茶叶翻四五十下，历时二三分钟，呈清冽幽香，即取出揉捻。如系水仙须炒五分钟，翻拌一百三四十下，始可取出揉捻，揉捻系用手揉，一锅炒叶，二人分揉。揉茶器具为篾制之竹籭，直径为二尺一寸，中间有人字形②之粗篾隆起，以代揉茶机之棱骨，构造极为精巧。揉时系用全力重揉，至叶汁足量流出，卷成条索，浓香扑鼻，然后以二人所揉之叶，复并入锅中再炒③。再炒温度较初炒低，时间亦较初炒为短，仅翻两三转，时间约半分钟。炒后取出再揉④，时间亦较初揉略短。经二炒二揉⑤之后，即入焙房烘干。岩茶揉捻与普通红绿茶相比，均为着力，而不致粉碎者，乃因茶青粗大，经猛火釜炒后，极为柔软，经得起重力揉捻也。

---

① 炒时劈拍之声如放爆竹：劈拍，同"噼啪"。炒青时，青叶突然投入高热锅中，叶细胞含水受高温而急速气化进而发生爆裂的噼啪之声，如同放鞭炮，有节奏感，爆裂声从少到多，又从多到少。

② 人字形：或作"十字形"。

③ 再炒：即复炒。用双手将初揉的茶叶呈圆形散铺于锅中，用双手指尖收聚茶叶翻面，重复几次后即可起锅复揉。

④ 再揉：同"复揉"。茶叶复炒起锅后取回至揉茶台，均分给 2 位揉茶工，复揉 0.5～1.0 分钟，揉法同初揉，揉速稍加快，使条索进一步卷曲紧结，使茶汁充分溢出。

⑤ 二炒二揉：即双炒双揉。青叶经过初炒初揉后，基本成条，再通过复炒复揉，使条索更加紧结。

（E）初焙①

茶叶经二炒二揉之后，即由揉茶台上之送茶窗②中递至焙房烘焙，焙房窗户密闭，水分仅能于屋顶之瓦缝中透泄，茶中香气在叶间吞吐，不组成，亦不易外泄，馥郁浓厚，始终仍凝于叶之表面。烘焙设备，为于地面砌地灶，俗称为"焙窟[19]③"。窟内烧以木炭，火力极大，置一锅炒揉之叶于狭腰篾制之焙笼中，然后将焙笼移于地灶之上，烘十至十五分钟，翻拌二三次，叶成半干状态④。水分消失达百分之二十五至三十时，即取出用簸箕簸扬黄片

———————

① 初焙：亦称"毛火""走水焙""抢水焙"。经过"双炒双揉"后的茶叶送入焙间，倒入焙笼中的焙筛上，并薄摊均匀，然后将焙笼移至焙窟上，采用明火烘焙。用手判断茶叶接近半干时即应翻焙，取下焙笼置于焙盘上，双手翻拌并摊开焙筛中的茶叶，将焙笼移向较低温度的焙窟上再焙，中间翻焙 1 次，焙笼逐渐向较低温度的焙窟上移动再焙，当茶叶不粘手并有刺手感时即可下焙进行扬簸。

② 送茶窗：在炒揉间与焙房的隔墙中设置窗口，长二尺四寸，高七寸，便于将揉捻茶送入焙房烘焙。

③ 焙窟：一般依焙房四周墙壁布置，位置依焙房大小而定。旧时的岩茶厂一般用三合土或者黄泥筑成焙座，于土层中挖筑焙窟。焙座高约 26 cm、宽 77 cm，窟为圆形，面径 34 cm，底径 26 cm，窟与窟之间距离 40 cm。焙座外围最好用石或砖头砌造，以防崩塌。

④ 关于初焙温度，林馥泉曾记载道："笔者二十九年五月十四日，在碧石厂，用高温计测验菜茶焙制，茶青在 100 ℃火力之中，烘至四分钟，焙茶师即动手翻青，后移过火力 96 ℃上下之其他焙窟上，再经八分钟，初焙即告完成。"（见林馥泉《武夷茶叶之生产制造及运销》）

武夷岩茶

杂物，簸后摊于簸箕中，置凉青架①上，候天明交女工拣剔。簸出黄片，另制焙茶。

（F）拣剔

初干均于夜中为之，拣剔则为翌晨之事。将初干之茶，堆置簸箕中，拣去扬簸未净之黄片及茶梗杂物等。此项工作极为认真，因初制拣剔干净，精制则可省工也。

（G）再干②

经拣剔之茶叶，以白纸四张为衬，纸上各置茶叶五六两入焙笼中再行烘干，炭火上盖以草灰，温度较初焙为低，约摄氏七十五度左右。烘焙时间须达三小时，约三十分钟，翻拌一次。衬纸目的，在使火力不致过猛，芳香精油不致挥发，香气赖以保存。干后即以原纸将茶叶包成团[20]包③，装入内衬铅罐之特制茶箱内。惟一般茶厂现均因陋就简，非较名贵之茶，多不用上法衬纸，仅于焙笼底衬纸一张，倾置茶叶三四斤，徐徐烘之。如名种奇种亦不用纸包[21]成团包，干后即装入内衬铅罐之茶箱内。茶叶

---

① 凉青架：用于凉索，将扬簸后的茶叶摊在水筛上，每6焙摊成1筛，再移出焙间置于凉架上摊凉后，手握凉索叶变软，闻之有熟化果香，色泽变为油亮沙黄（俗称宝色或蛙皮绿），即可进行拣剔。

② 再干：也称复焙。经拣剔的茶叶，放入焙笼内，将其平铺于焙筛上，进行烘焙。焙至用手捻茶成末即可进行吃火。

③ 团包：茶叶吃火起焙摊凉后用毛边纸进行团包，团包时将纸连茶取于左手、靠于胸前，右手拾起纸面，四面拾褶紧紧捻成圆包。拾褶后于"纸脐"上一压，将团包褶合口向下放置于簸箕中。

装箱之后，包头任务即告终了，将箱茶缴交岩主，再由岩主包装精制。

精 制

精制目的，为汰除劣异，整饬形态，分别等级，使夹杂不纯、形态大小不齐、品质优良不等之毛茶，成为精净匀称有等级之正茶。岩茶因初制极为精细，故再制手续颇为简单。兹述于下。

（A）打小堆

将在岩之团包，依品种不同，逐一解开，照品质之优劣，分为一堆、二堆，如一堆奇种、二堆奇种，一堆水仙、二堆水仙等是。

（B）筛分

筛分为茶叶精制作业之重心。筛法因手法之不同，与

目的之差别，有飘筛①、抖筛②、团筛③三种。抖筛为分别粗细之用，团筛为分别大小长短之用，飘筛为分别轻重厚薄之用。岩茶仅用团筛（岩上称平筛）、飘筛两种。筛次由二号起至十号筛止。二号筛筛面名大号茶，筛底交三号筛筛之，三号筛筛面为二号茶，筛底交五号筛筛之，筛面为三号茶，筛底交六号筛筛之，筛面用五号筛飘之，筛上则为三号茶，筛底为四号茶，六号筛筛底交七号筛，筛面用六号筛飘之，筛上为四号茶，筛底为五号茶。七号筛底

---

① 飘筛：人工飘筛操作时，双手握住竹筛边框两侧，两臂微曲，四指托住竹筛边，拇指扣住竹筛框，利用手指和手腕的配合力量使筛体上下跳动的同时，呈水平状态缓慢旋转，使茶叶平铺于筛面，随着筛体做环形运动和上下跳动而被抛起并下落，因自由落体和物体重力的自然运动规律，轻飘的茶叶被反复抛起留在筛面上，而重的茶叶则从筛孔下落。

② 抖筛：人工抖筛操作时，双手握住竹筛边框两侧，利用手腕力量使筛子轻轻向上抛（筛不离手），用拇指控制筛子上抛的高度，每次上抛时筛子也跟着转动，不同粗细茶叶在筛面急速跳动，细长条索茶叶斜穿筛孔落下，粗而圆的茶叶则留在筛面，达到抖筛分别粗圆和细长茶叶的目的，利于后续的扬簸。

③ 团筛：也称平筛、圆筛。手工平筛操作时，双手握住竹筛边框两侧，端平竹筛，双手用力均匀，一推一拉，即左右回转，对筛体作平行摆动，使茶叶均匀平铺在筛面上并旋转运动，旋转的方向与摆动筛体的方向相反，茶叶沿筛面回转滑动，小、短、细的茶叶从筛孔筛落，而较大、较长、较粗的茶条留在筛面上。各个筛号依次筛分，有利于各筛号茶的扬簸，从而达到筛分的目的。平筛时筛茶工需平稳站直，茶叶在筛面上一定要平行筛开，均匀地布满整个筛面，不能成堆，否则达不到平筛左右回转的效果。

交八号筛，筛上用六号半筛飘之，筛上为五号茶，筛下为六号茶，筛底交十号筛，筛上为七号茶，筛下为茶末（岩茶精制程序表附后）。昔年茶景旺盛时，岩茶精制，不经筛分，仅解包分发女工复拣，然后打堆包装，年来因运输困难，再制较为认真，筛分遂不能免。

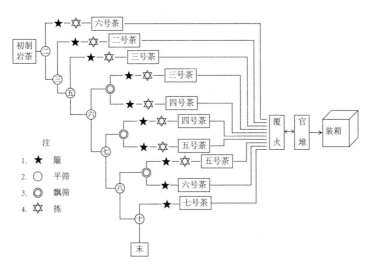

岩茶筛分程序表

（C）拣剔

拣剔目的：在剔除初制时未曾剔尽之茶梗、黄片及夹杂[22] 物，此项工作均多为女工担任之。"岩毛[①]"经筛分

---

① 岩毛：即武夷岩茶之毛茶，当时的毛茶在初制时有拣剔，如果净度及火功程度达到精茶要求，就不需要再加工，即可销售。未达到要求者，则需经过再拣剔和烘焙，以符合成品茶的品质。

后，自大号茶至五号止，均分发拣剔。五号以下，因成细碎，且筛之末尾，杂物亦少，故不复再行拣剔也。

(D) 补火

拣剔后之净茶，再行补火一次，使茶充分干燥，以免装箱起运后，有酸霉劣变等情事发生。补火温度不宜过高，约摄氏七十至七十五度。每笼容量约四斤至六斤，视茶叶之大小而定。补火时间约二时半至三时。惟此项手续，原非得已之事，盖岩茶品质以香气为重。其鲜叶采下，经萎凋发酵继以揉捻后，叶细胞因外力破坏，精油香气渐渐挥发[23]，烘一次即损失一次也。是以茶庄精制，均择天气晴朗，气候干燥之日进行，而避免补火手续。

(E) 匀堆①

以不同号之茶，拼成一堆混合，谓之匀堆。匀堆处地板宜精密，将各号筛分之茶，层层倒于其上，作成方堆，然后沿侧徐徐梳耙，使各种茶叶充分混和搅拌均匀。在匀堆之前，应先将各茶逐一审查，察其形态色泽等是否混和调匀。

(F) 装箱

茶叶经匀堆混和后，即从大堆中沿前侧徐徐耙出，装于篾篓中称重，称后即倾入箱内，每箱装三十三斤。茶箱箱板厚约三分，内衬铅罐或铅皮，铅罐内衬以坚洁厚纸，

---

① 匀堆：亦称"官堆"。

以防茶叶与铅壁经长期摩擦，铅质入于茶中有碍卫生。茶叶装满后，铅皮覆口处并以锡焊之，箱外裱以棉纸，纸上印以美术广告，裱好之后，用桐油油之。如运输较远，箱外尚扎以篾包。唯此种装法与运销方面有相当阻碍，盖岩茶习惯向为四两一包，包成方包形，包好之后，再装入箱内，而非散装，一旦由包装改为散装，销费者常认为非真品。

上述之精制，茶商普通称为山装[①]，以其运至潮汕、漳、泉、厦门各地，茶庄尚须依各个人之习惯及秘诀，另行拼堆、拣剔、包装，然后出售。

六、岩茶运销

（一）销售习惯

岩茶之生产经营，原创始于山中之僧道，其后居民继起栽植；然发扬而光大之者，则为潮汕、漳、泉、厦门各属之茶商。彼等自置岩山，委托包头产制，每逢春初茶芽将茁之际，挟资溯江北上，监督采制。秋初茶事告终，乃复橐装随流而下。现赤石所存之漳、泉、潮汕老庄，如集

---

① 山装：各岩茶厂茶叶加工完成后，在山上进行装箱包装。

泉、奇苑、泉苑、金泰等号①，历史均在百年以上。闻在昔鼎盛时期，春来茶船北上，所经之地，州府县官，争相招呼，甚至有鸣炮郊迎者，其豪奢情况，老茶人至今犹津津乐道之。

此项茶叶，多为商标茶。岩茶茶商因经营岩茶历史悠久，深悉各埠消费者之嗜好，能拼制各种岩茶以适应消费者之饮用，随其拼制方法之不同，而有特定之商标。一般消费者亦多认定其嗜好之商标茶叶为购买对象，同一品质，往往因商标不同不愿购买者常有之。惟商标茶数量较少，多为零星售卖，经营业务者，均属潮汕、漳、泉、厦门茶商，不经洋行之手，直接批发或零售，故无受制于洋行茶栈等弊。

（二）运输方法与销售市场

茶号年于茶叶包装成箱之后，即用帆船由建溪经建阳、建瓯运南平，再由南平换汽船顺闽江运福州集中，然后托交福州青茶庄转运厦门、潮汕、漳、泉各地，而以厦门为最多。厦门、潮汕、漳、泉茶号收到茶件，再行选拣配成方包，或就本地销售，或输南洋华侨之居留地带，如

① 据1946年茶商业登记申请书相关档案，位于赤石的茶号尚有生源、华侨复兴青茶厂、万华、芳茂、金峰、源美、鸿记、集成、全泰、源泉、振昌等。另，集泉茶庄当事人为惠安籍的许玉兔，奇苑茶庄当事人为安溪籍的林祖骥。

新加坡、滨郎屿[①]、菲律宾、仰光、暹罗[②]、安南[③]等处，供华侨及一部分土人饮用。福州青茶庄任务，仅代收茶件，代付运费，代兑汇票（以茶件抵押），及负责将所收茶件配发转运至各目的地，照章抽收佣金而已。兹将岩茶从生产者到消费者经过各阶段，列表如次：

武夷包雇茶农 → 岩主茶庄 → 福州茶栈 → 各岩闽南本庄 { 国内消费者 / 南洋消费者 }

（三）抗建后之运销概况

抗战军兴，政府采取战时经济政策，推广国际贸易，换取外汇，稳定金融基础，于是乃决定整理茶业，于民国二十七年由茶叶管理处向福建省银行订借贷款一百五十万元，为贷放首二春红绿茶款之用，复由省贸易公司特设茶叶部负责办理推销事宜。是年五月，厦门沦陷，福州一度紧张，为茶件安全起见，奉令将全部对外贸易之茶叶，运闽香港，并在香港贸易，由贸易委员会香港之富华公司，负责办理运销。至闽南闽北青茶，因受战事影响，亦经贸易委员会与省方订立合约，由中央备款一百五十万元收

---

① 滨郎屿：又作"槟榔屿"，即马亚西亚槟城。

② 暹罗：泰国古称。

③ 安南：越南古称。

武夷岩茶

购，藉助推销国产，换取外汇。是年岩茶，虽以厦门沦陷，漳、泉海口被敌封锁，及福泉公路破坏，运输困难，然经茶商之努力与管理机关之指导有方，多半抢运出口，其运输路线如下：

←—民船建溪—→ ←—汽船闽江—→ ←—人力输送队—→ 海运 香　港
崇安 ———— 南平 ———— 福州 ———— 泉州 ＜　鼓浪屿
　　　　　　　　　　　　　　　　　　走私

　　二十八年，茶业管理处奉令改为茶叶管理局，赓续各种改进设施，仍着重于外销茶叶之统购统销事宜。是年闽茶外销办法，与上年相差无几，惟贷款数额增至七百万元，由贸易委员会派员来闽会同贸易公司茶叶部就地采购运港销售。至于青茶因既非绝对内销茶，又非绝对外销茶，故并不在统购统销之列。惟青茶一类为闽省特产，其品质又多优异，此类茶叶，向系侨销。在抗战期中，为求增加经济力量，内销自应尽量减少，但因省内销费者之需求，似又不宜全予禁止。茶叶管理局爰订定本省境内运销办法，在不影响外销茶数量减少之原则下，斟酌实际情形，予以给证运销，照章缴纳平衡税。给证手续，系向中国茶叶公司申请，茶叶公司会同茶叶管理局予以鉴定后，即由中国茶叶公司填发运销证，方能出口。同时闽北各县，复由贸易委员会拨款办理抵押，以资救济，并由中央收购出口。但岩茶因制造优良，品质特佳，成本较高，对于收购价格，茶商多感不满，不肯予以收购，加以本省境

· 48 ·

内运销办法，因运输困难，手续繁琐，不能顺利进行，故大部分囤积崇安，未曾运输出境。

二十九年，中央鉴于过去茶叶购销机关事权不专，办理未尽妥善，宜集中人才设备，专设机关负责办理，以清权限。当经指定中国茶叶公司，为国营茶叶专业公司，所有全国茶叶之生产运销及对外贸易一切业务，均为中茶公司办理，隶属贸易委员会。一切计划重要设施，由贸易委员会审订，经财政部核定行之。三十年，闽省茶叶外销收购办法，经财政部贸易委员会与福建省政府订定合约贷款八百万元，会方担任十分之七，省方担任十分之三，由中茶闽处收购，运往香港，交中茶香港分公司推销，崇安贷款为二二三〇二〇元，计九五五〇箱。岩茶因系属侨销之青茶，除准侨商经鉴定手续结汇出口外，并由中茶公司依照外销茶叶办法，收购运销。惟岩茶茶商因历史之悠久，资金较为灵通，因感于廿八年收购价格太低，半数未领贷款，不肯予以收购，而照青茶鉴定手续结汇出口，故情形与二八年略同，兹将二九年侨销茶叶结汇出口鉴定办法，简录于下：

（1）凡限结汇出口之侨销茶叶，无论中国茶叶公司所购运，或侨商所经营，以确系推销于侨销区域内者为限，侨销区域暂定安南、缅甸、泰国、菲律宾、马来亚[①]、新

---

① 马来亚：即马来西亚。

加坡、香港及其他南洋群岛。

（2）凡侨商经营侨销茶叶，应向茶业管理机关申请登记，领取购制登记证，在海外设店推销者，应向驻在地之本国领事或商会申请发给推销证明书。

（3）请求结汇出口时应照下例手续办理：

（甲）觅殷实侨商填具侨销保证书，保证确系侨销。

（乙）向中国茶叶公司领填鉴定申请书，连同茶样购制登记证，推销证明书，一并送请该公司会同茶业管理机关鉴定，由该公司核发侨销鉴定书。

（丙）侨销茶叶鉴定书领到后，应于鉴定书有效期间内持向财政部贸易委员会或其支分机关及中国或交通两银行或该两行之支分行及委托机关以办理结汇手续，领取承购外汇证明书报运出口。

卅年，青茶政府准许茶商自由结汇出口，其运销闽南者，向茶管局报验领取运销证明书；运销外省者向中茶闽处报验，领取运销证明书；运销海外者向贸委会外会管理处报验，领取运销证明书不加贷款。惟岩茶采制之先，适值榕垣沦陷，各岩岩主因交通阻隔，多未能携款来崇，以致资金周转不灵，制茶几频无法结束。中茶闽处因福州失守，迁移来崇，鉴于岩茶品质优越，驰名中外，为维护名产，救济农商起见，乃会同福建示范茶厂，办理救济，并将本年岩茶划作侨销，使侨民与祖国发生密切联系，以利抗建。其救济方式，分贷款、收购两步骤，分述如次：

（1）贷款。由中茶闽处拨国币二万元，交福建示范茶厂为贷放资金，贷款期间规定三个月，月息一分。武夷各岩代理人确有借款需要者，得按照示范茶厂所定贷款手续，填具各项书表，向示范茶厂申贷。

（2）收购。经指定抵押品之岩茶，除由岩主按照手续购回外，均由中茶闽处收购，以资接济。

惟以办理时间太迟，各岩代表人多另谋办法，实际向示范茶厂申请贷款者，为数无多，此为抗建后岩茶运销之大概情形也。

（载《福建农业》，1943 年第 3 卷第 7～9 期；另有财政部贸易委员会茶叶研究所丛刊本，1943 年）

【校勘记】

[1] 淙，原作"琮"，据文理改。

[2] "绿"下之"茶"字，原阙，据文理补。

[3] 徐夤《谢尚书惠蜡面茶》，原作"郑谷之徐夤惠腊面茶"，据下文诗句，应为徐夤《谢尚书惠蜡面茶》诗，据改。原文中"腊"，应作"蜡"，蜡面，茶名，因茶汤如镕蜡而得名，据改。下同。

[4] 笼，原作"宠"；官，原作"贡"，据宋苏轼《东坡后集》（日本宫内厅书陵部藏宋刻本）改。

[5] 探，原作"采"，据清王梓《武夷山志》文改。下同。

[6] 燗，原作"渤"，径改。

武夷岩茶

[7] 梅占、奇兰，原文作"梅占奇兰"，将之视为一个茶树品种，故此处有"十种"以及下文"四种"之表述，实则梅占与奇兰为二个品种。

[8] 仅浆，原作"浆仅"，据文理乙。

[9] 橡，原作"橡"，据庄灿彰《安溪茶业调查》改。下同。

[10] cm，原阙，据上下文格式补。下同。

[11] 为，原阙，据文理补。

[12] 大，原阙，据文理补。

[13] 姑，原作"茹"，据林馥泉《武夷茶叶之生产制造及运销》改。下同。

[14] 鞍，原作"安"，据《崇安之茶业》改。

[15] 府，应作"抚"。

[16] 拇，原作"姆"，径改。下同。

[17] 碳，原作"炭"，径改。

[18] 若，原作"茗"，据文理改。

[19] 窟，原作"窑"，径改。下同。

[20] "团"下，原有一"圆"字，据文理删。

[21] "包"下，原有一"包"字，据文理删。

[22] 杂，原作"离"，径改。

[23] 挥发，原作"发挥"，据文理乙。

武夷大红袍史话及观制记

武夷岩茶夙负盛名，其茶具岩骨花香之胜，制法界于红茶、绿茶之间，必求所谓"绿叶红镶边"者方称上乘，其味甘泽而气馥郁，无绿茶之苦涩，有红茶之浓艳，性和不寒，久藏不坏，香久益清，味久益醇，名驰遐迩，中外同钦，逊清充作御茶之大红袍，尤为岩茶中之吉品①。外间对大红袍之传说，妙不可言，有谓野生绝壁，人莫能登，每年茶季，寺僧以果[1]饵山猴采之，有谓"树高十[2]丈，叶大如掌，生穷崖峭壁，风吹叶坠，寺僧拾制为茶，能治百病"。当地传说则谓为"岩上神人所栽，寺僧每于元旦日焚香礼拜，泡少许供佛，茶可自顾，无需人管理，有窃之者立即腹痛，非弃之不能愈，因此为神人所植，凡人不能先尝"。其说纷纷，莫衷一是，笔者适得机会观其采制，颇饶兴趣。

---

① 吉品：同"极品"。

天心寺观山僧采茶

十七日晨，偕林主任①夫妇匆匆至天心，见妙常方丈在韦陀佛前焚香礼拜，另一小僧撞钟三响，方丈即携二僧（一提茶篮，另一持和尚袈裟），出寺门至茶墩邀包头及做青师转向寺右之山岭而下，岭尽沿溪涧而上。行约二里，见大石壁下，岩脚寻丈，有崩口罅隙处，方丈之地，植茶三欉。距茶欉五六丈远岩脚上，架一板屋，行至此，方丈止步，顾谓笔者曰：此处名九龙窠，是茶即大红袍，其中间较高一株为正本，旁二欉其副本也。言已，即攀援而登，二僧尾之，笔者与林主任等数人亦随之而上。审视之，茶树品种并无特殊，即普通之菜茶。树高一公尺八寸

---

① 林主任：指林馥泉，时任福建示范茶厂武夷直属制茶所主任。林馥泉（1913—1982），福建惠安人，后随父迁徙晋江。中学毕业后到上海立达学园攻读农村教育科。1936年考入福建省农教师资训练所，毕业后出任永安县建设科长。后期调任福建省农业改进处农事试验场技士兼总务主任。1940年3月调任福建示范茶厂担任技师，并任武夷直属制茶所主任，发表《武夷茶叶之生产制造及运销》。1941年应泉州民生农业学校之聘请担任教职，曾至福建农学院进修，后被任命为石狮镇镇长。抗战胜利后，林馥泉被遴聘赴台，参与接收台湾农业部门相关产业，担任技正，并兼任台湾省茶叶传习所所长、台湾省农林公司茶叶分公司台北第一精制厂厂长。编写《乌龙茶及包种茶制造学》《台湾制茶业手册》《识茶入门》《茶的种类》《选茶·泡茶》《茶品质鉴定》《茶之艺》等茶学论著。

五分，主干约十枝，茶欉周围约五公尺半，枝叶以被人攀折过多，树势不甚繁茂，叶不甚大，带淡绿色，茶芽微泛棕红色。以地方太小，我等四人，立于茶树之外旁，手握干枝，以防倾跌。方丈及二人立于里侧，披袈裟，焚香烛，放火炮，向茶树礼拜。拜毕，方丈开始采摘，口中念"中华民国，风调雨顺，国泰民安"……念毕，将所摘茶叶，掷于篮中，携一僧先归，留他一僧与包头等采摘。采摘完毕，职并参观其制造。

祭太伯分赠大红袍

正午，寺僧备斋祭茶厂中供奉之杨太伯，由方丈妙常和尚领导诵经行礼，态度谨严。据云，杨太伯为江西人，乃开发武夷山植茶之鼻祖，现武夷各茶厂咸供奉之。十八日上午，茶叶制成，寺僧以小簸箕盛之，置于正殿之释迦牟尼佛前，然后各殿遍燃香烛，并以泉水泡大红袍一壶，每佛前一杯。诸事就绪，方丈领寺中较有地位之和尚，各披袈裟，在释迦牟尼殿行礼，另一僧撞钟，一僧放爆竹，仪式隆重，如作大场佛事然。礼毕，方丈将小簸箕内茶叶，持归收藏，其余别僧，则以壶中供佛所余之大红袍茶斋客，并分寺中诸和尚及茶厂制茶工人，每人一杯，彼等分得一杯，如饮甘露，均欣欣然有喜色，而相告曰："今天吃了大红袍。"

武夷天心岩"大红袍"采制记录

三十年五月十七日

茶树地点：天心岩九龙窠。

采摘时间：上午八时三十分。

茶青重量：二斤四两。

晒青筛数：分摊四筛。

晒青时间：自九点三十分起至十点三十分止，共计一小时。

晒青翻拌次数：九点五十三分翻拌一次。

晒青温度：由摄氏三十二度半升至三十五度半。

凉青筛数：由四筛拼作二筛。

（是时茶叶颇为柔软，以手握之，仅微有响声，用手平举叶柄，则叶端与两边向下垂）

晒青时间：自十点三十分起至十点四十五分止，共计十五分钟。

凉青温度：摄氏二十五度。

茶青进青间时间及筛数：十点四十五分移入青间，由两筛拢作一筛，并拢时摇动十二转，是时茶叶已无烧气。

青间温度：摄氏二十一度半（至夜深尚无变动）。

茶叶在青间放置之时数：十七日上午十时四十五分移入青间，至十八日上午一时二十五分取出交炒，共计十四小时四十分。

做青次数：共计七次。

一、第一次　十二点二十七分，仅摇十六下，未曾用手，惟摊放面积缩小在筛沿内三寸左右，是时茶叶与进青间时无甚差异。

二、第二次　下午二时八分，约摇八十转，亦未曾用手，是时茶叶已微有发酵现象，能看出一二片边缘有似猪肝之紫红色。

三、第三次　四点四十五分，先摇一百转，然后用双手握叶轻拍二十余下，拍后复摇四十余转，是时发酵程度增加，嫩叶边缘多现紫红色，并略恢复生茶原有之生硬性，摊放面积大小如前。

四、第四次　八时五分，摇四十下，未曾用手，茶叶有半数成所谓"绿叶红镶边"，并颇硬挺，摊放面积再缩小，约在筛沿内五寸左右。

五、第五次　九时十分，摇一百四十四转，茶叶形状与前无异，惟更硬挺耳。

六、第六次　十时四十五分，先摇一百转，然后用双手握叶轻拍三十下，再摇五十转，拍三十下，又摇[3]五十转，是时茶叶已全部硬挺，叶边绉缩，叶心凸出，卷成瓢形，并有一股香气，芬芳馥郁，摊放面积更甚缩小，直径约一市尺七寸。

七、第七次　十二时正，摇六十下，做三十五下，是时茶叶红绿相间，香气益浓。

十八日上午一时二十五分处理适度取出交炒。

炒青时间： 1. 初炒一分半钟，翻拌八十六下，温度估计约摄氏一百四十度左右。2. 复炒二十秒钟，解块两次，翻两转，温度估计约摄氏一百度（因时间来不及，未用温度计）。

烘焙： 1. 初烘二十分钟，翻三次，温度摄氏八十度。2. 复烘二点十分钟，温度摄氏六十八度。

成茶重量： 八两三钱（茶头焙茶在内）。

［载《万川通讯》，1942 年第 1～50 期（汇订本）］

【校勘记】

[1] 果，廖存仁《武夷岩茶》作"菜"。

[2] 十，原作"千"，据廖存仁《武夷岩茶》改。

[3] "转，拍三十下，又摇"原阙，据廖存仁《武夷岩茶》补。

武夷岩茶制茶厂概况简表

统计资料

武夷岩茶制茶厂概况简表		
岩茶厂数		54 家
制茶量（市斤）	最多	1260
	最少	130
	平均	635
制茶日期	最多	22 天
	最少	13 天
	平均	17 天
岩主数		28
茶工人数	最多	62
	最少	13
	平均	26.5

调查日期　　　　　　三十年六月

调查人　　　　　　　廖存仁

［载《万川通讯》，1942 年第 1～50 期（汇订本）］

武夷岩茶制茶厂概况简表

武夷茶工的生活

——廖存仁先生在武夷山所搜集今年茶工新编山歌

(一)

清[1] 明过了谷雨边，背起包袱走福建。想起福建无走头，三更半夜爬上楼。三捆稻草打张铺，两根杉树做枕头。

(二)

想起崇安真可怜，半碗醃菜半碗盐。茶叶下山出江西，吃碗青菜赛过鸡。注：醃菜为茶工每餐唯一的佐饭品，稍带酸味和腐臭。

（三）

采茶可怜真可怜，三夜没有二夜眠。茶树底下将饭吃，灯火旁边算工钱。

（四）

武夷山上九条龙，十个包头九个穷。年青穷了靠双手，老来穷了竹背筒。**注：闽北乞丐均用竹筒装茶。**

［载《万川通讯》，1942 年第 1～50 期（汇订本）］

【校勘记】

[1] 清，原作"青"，径改。

武夷茶工的生活

武夷岩茶之品种

武夷岩茶，据近日调查所得，栽培品种计有菜茶、水仙、乌龙、桃仁[1]、奇兰、肉桂、黄龙、铁观音、雪梨等九种。就中以菜茶为最多，水仙次之，乌龙又次之，桃仁、奇兰、肉桂、黄龙、铁观音、雪梨等为数极少，仅占总产量百分之一强。其茶以栽培地域之不同，分为岩茶、洲茶二种，附山为岩，沿溪为洲，岩为上，洲次之。又分山北、山南，山北尤佳，山南又次之。岩山之外，名为外山，清浊不同矣。

岩茶成茶除菜茶之外，均各依原名，不另加分别。菜茶则因系种子繁殖，品种极为复杂，品质优劣，不能一致，分为名种、奇种、单欉奇种、提欉名种四种①，兹分述之如下。

---

① 廖存仁在《武夷岩茶》一文中，则将武夷岩茶分为焙茶、名种、奇种、单欉、提欉等五种，可互为参看。

一、名种

名种为洲茶制成之茶，或半岩茶。在制造上处理失当或因气候关系，不能制成预期之成品，色香味均欠佳。

二、奇种

奇种为正岩茶，色浓，香清，味醇，且有岩茶之特征。

三、单欉奇种

单欉奇种系选自优异之菜茶，植于危崖绝壁之上，崩陷空隙之间，单独采摘，焙制，不与别茶相混合，藉以保持该茶优异之特征，品质超乎奇种之上。

四、提欉名种

提欉则又提自千百欉之单欉奇种中之最优异者，采摘制造，均维谨维慎，品质有以言语文字不能形容之美者，

如天心之"大红袍",慧远①之"铁罗汉""白瑞香""醉海棠",兰谷之"水金钩",天井之"吊金钟"等是。

　　武夷茶树均极衰老,树龄多在百年以上,本地人有以唐树、宋树自豪者,以故产量日蹙。岩茶产量向无精确统计,据闻最盛时期,年可产十余万斤,价值六十万元。至民十七后,因销路迟滞等原因,产量递减。据近日调查,今年约有三百八十担,与全盛时期相较尚不及三分之一。

　　　　　　［载《万川通讯》,1942 年第 1～50 期（汇订本）］

【校勘记】

[1] 仁,原作"红",据廖存仁《武夷岩茶》改。下同。

---

　　① 慧远:今作"慧苑"。

龙须茶制造方法

崇安茶叶以制造方法之不同，可大别为红茶、绿茶、青茶三种。红茶以星村小种为著，绿茶以赤石莲心为优，青茶以武夷岩茶为贵，在出口贸易上均占极重要位置。今年以物价飞涨，运销困难，赤石茶号，除共制岩茶一千箱外，别茶一概未做。茶农因茶号不肯收购毛茶，亦不采摘，仅八角亭（离赤石三华里）一带茶农制有龙须①茶小许，由该镇消费合作社收购，毛茶每斤由八角至一元二角。此茶为绿茶之一种，销售于美国旧金山等处，作为新年贺礼之用，其茶水色淡黄，香清而味薄。制造方法与普通绿茶略异，兹述之于下。

1. 采摘：龙须茶之采摘，在立夏前后，将新芽养至

---

① 清陆廷灿《续茶经》引《随见录》："武夷造茶，其岩茶以僧家所制者最为得法。至洲茶中采回时，逐片择其背上有白毛者，另炒另焙，谓之白毫，又名寿星眉。摘初发之芽，一旗未展者，谓之莲子心。连枝二寸剪下烘焙者，谓之凤尾、龙须。"相关内容可参考《崇安之茶业》。

龙
须
茶
制
造
方
法

四五叶，长三四寸时，然后采下。唯其采摘方法，尚极科学，由拇指之指头与食指之第一节相合，以拇指指头之力把茶叶很敏捷向上摘断，轻轻放入篮中，及至茶叶装满，速行送回，并无过久积压之弊。

2. 萎凋： 采回之鲜叶随即薄摊于竹篓上，施行萎凋。萎凋目的，一面在蒸发生叶中所含过多水分，使之软缩，便于釜炒；一面凭藉外间热力，促进酵素活动，以求达到预期之色香味。其萎凋时间之长短，当视叶之老嫩、温度高低、空气燥湿与生叶本身所含水分多寡等条件而定。如置日光下曝晒，普通约十五分钟已足，如摊放室内，则需二三小时，总以叶片半呈柔软，失去固有之光泽，以手举叶柄，叶之前端与两侧均形下垂，即为适度。

3. 釜炒： 釜炒目的为蒸发叶中过多水分，使成柔[1]软，便于揉捻，并利用高温火力，杀死酵素，停止活动，法将萎凋适度之叶，投入猛火锅中炒之。每锅容量约四斤左右，以手接连翻拌搅动，使叶受热平均，无太过与不及之病，至叶牙柔软，无"拍拉"响声，有清冽幽香，而无青草气味，即取出揉捻，时间约十余分钟。

4. 揉捻： 揉捻法将已炒之叶趁热放于圆形之竹籤中，以手反覆搓揉，亦有用足揉者，是为少数。揉时并时将团块抖散，至叶汁透润，而呈清香，即抖散摊于竹籤中。

5. 束缚①：束缚目的，在使形状美观，并表现龙须茶独有之特征，此项工作为龙须茶制造过程中最重要而烦难之步骤。束缚技术之良否，对于销售方面，关系极大，非手法敏捷而有经验之女工，不能胜任之。法将曾经揉捻之叶趁其茶汁未干，以手一根一根理直之，茶梗碎叶则提成长约寸许大如拇指之长椭圆形，然后以理直之茶叶，盖于表面，务使茶梗碎叶，包裹于内，不致露出，再两端紧缚以丝线。缚紧之后，梗之一端，并用剪刀剪齐之，状如满蘸墨汁笔毛竖立，长约二寸八分，圆周约二寸五分，干茶重量每把约十克。缚好之后，再两把并合，中间系以丝线，缚成把，如单把之丝线为绿色，双把则用红色丝线缚之，单把丝线如用红色，双把则用绿色，状极美观。

6. 烘焙：烘焙，此项工作，非极小心而有经验者不能任之，龙须茶因系束缚成把，烘焙更形不易，火力太高，则表面焦枯而内部水分仍未完全蒸发，火力太低，则

---

① 束缚：或作"扎把""扎束"，将已抖散摊凉于竹匾上的茶条，趁茶汁未干时迅速地一根根理直，整齐地平放于竹匾上，宽约三寸，分二层，较长的茶条放在底层，较短的放在上层。之后，把揉捻断碎的茶梗和叶片迅速集中起来，搓成长约寸许、大如拇指的椭圆形小团，再将理好的茶条包覆在外面，务使小团的茶梗、碎叶包在里面不致外露，而后两端用红的或绿的丝线捆扎紧。扎好后，将基部（茶梗部位）用剪刀修剪整齐，再将两把合并（单束的不合并），中间用另色丝线扎紧（即两端若用红色丝线则中间用绿色丝线，两端若用绿色丝线则中间红色丝线）。捆扎很有技巧，松紧必须恰到好处，同时动作要迅速，否则，茶条外面茶汁干后即不易互相粘着，容易松散。

龙须茶制造方法

又不易干燥。八角亭茶农，于茶叶缚好之后，即放入焙笼中，每焙约五斤，火力与普通绿茶毛火相若，烘至六成干，时间约四小时，即送合作社求售，称之为初焙。合作社收进毛茶，随即放入笼中再干，以炭火徐徐烘焙之，使叶中水分渐渐蒸发，以防霉坏。每笼烘量约七八斤。如毛茶潮湿，须烘至二昼夜之久，温度约摄氏六十五度至七度(非亲自试验)。每二小时翻拌一次，再干之后，取出摊放于楼板中，使之冷却一昼夜，再行复火，温度降低，约摄氏七十度时约八小时。冷却目的，在使内部未曾蒸发水分扩散到外面，以便覆火①时易于蒸发。覆火后仍冷却一次，再行补火而后装箱，补火之时间温度与覆火同。

[载《万川通讯》，1942年第1~50期（汇订本）]

【校勘记】

[1] 染，疑为"柔"。

---

① 覆火：同"复火"。

闽茶种类及其特征

一、引言

茶为我国主要特产之一，占出口贸易之大宗，产地之广，遍及东南西南各省，饮用之盛，深达中外贫富各层，政府税收之所倚，人民生计之所托。闽省茶叶，在国茶中又占及重要地位，不独产量丰富，种类繁多，青、红、绿、白应有尽有，抑且历史悠久，品质优良，形状精雅，各具特色，远非他省茶叶所能比拟。自抗战军兴，海运艰阻，销售困难，国际市场渐次丧失，产量锐减，诚有扶助发扬之必要。笔者服务于中国茶叶公司①，民国三十年奉

---

① 中国茶叶公司：中国茶叶股份有限公司的简称，成立于1937年5月10日，是我国最早的官商合办公司。由国民政府实业部发起，联合皖、浙、赣、闽、湘、鄂六个主要产茶省区的建设厅共同参加，总办事处设在上海北京路江西路口的垦业大楼。（参见尹在继：《民国时期的中国茶叶公司》,《茶报》2000年第1期。）

派回闽①，巡回各茶区工作，对闽茶产制，粗知梗概。三十一年，收购评价，奉派为技术委员，日与马展廷、郑永亨[1]、柯子清诸老茶师为伍，对各类茶叶之异同优劣，概详加研讨，深悉每种茶叶均有其优点与特征，断非外行者所能想像，三言两语得以道破。兹就个人所知，诸老茶师之叙述，以及旧有资料草成是篇，以供茶界同仁之参考。惟茶之为物，迄至现在，鉴定品质，如香气高低，滋味厚薄，水色浓淡，尚无科学仪器以为准绳，全凭个人感觉经验断定高下，个中技术，只能会意，不能言传，更加笔者经验不丰，文字羞涩，形容倍加艰难，挂一漏万，诚所不免，尚望茶叶先进不吝指正，使福建茶叶能浸入于中外每一人士脑际，从此发扬而光大之，执世界茶叶之牛耳，则幸甚矣。

二、茶树品种

福建茶树品种，极形复杂，以栽培方法言之，可分为有性繁殖与无性繁殖两大类。有性繁殖茶树历史最为悠久，数量多，分布亦广，除武夷、安溪一区有用制造青茶外，其余各区多制造红、绿茶，在闽北方面者俗称为菜茶，闽东方面者称之为山茶，闽南方面者曰种旧。无性繁

---

① 此处指中国茶叶公司福建办事处。

殖茶树，历史较短，栽培面积亦较狭，除大白茶外，仅闽北建宁府属（崇安、建阳、建瓯、水吉、政和等县）与闽南泉州府属（安溪、晋江、惠安、永春等县）栽有之，计有大白茶、乌龙、水仙、铁观音、桃仁、奇兰、梅占、雪梨、肉桂、黄龙、白毛猴、白牡丹、毛蟹、大红、黄棪[2]、大葱、腾云种、萧椅①种、红影、苦茶等二十余种，除大白茶专制银针、白毫、白牡丹、白毛猴外，其余概用以制青茶，兹将各品种之特征书之于后。

甲　有性繁殖之茶树

1. **菜茶**　原产武夷山，（根据浙江省油茶丝棉管理处茶叶部编印之《茶树品种调查研究法》②）即所谓VAR. BOHEA，可称武夷种，以后输种各地，因系种子繁殖，经长时间之栽培，与天然之变异，其植物学上特征之差异极大，其中有无数不同之品系，优劣参杂其间；树高由十公分以至二公尺以上，枝条匐伏者有之，直立者有之，叶之大者近似水仙，小者小于乌龙，叶色有深于奇兰者，有淡于桃仁者；至于其发芽时期，锯齿疏密，叶脉数

---

① 萧椅：今作"筲绮"。

②《茶树品种调查研究法》：谢循贯编著。谢循贯（1898—1984），字元甫，浙江永嘉人。毕业于日本仙台市东北帝国大学。回国后历任广西大学、中山大学、福建私立协和大学、浙江英士大学等校教授。1947年起任台湾师范大学教授兼生物系主任。著有《茶树品种调查研究法》《植物学》《博物学》等。

目，叶尖长短，尤多参错不一。现武夷取名之单欉提欉，如天心岩之"大红袍"，慧苑[3] 岩之"白鸡冠"，竹窠岩之"铁罗汉"等，即自优良菜茶中选出，名目繁多，成茶品质特优，此固由于生长环境之优良，但其禀性良好，亦为重大之原因，此等名欉诚有积极研究与繁殖之价值也。

2. **山茶** 闽东各县普通由种子繁殖之杂种，通称曰山茶，福鼎则曰土茶。其形态亦异常复杂，每一茶园中，往往有数种形状之不同者，是植其间，农商有将叶形之差异，分为阔叶种或柳叶种，亦有因其萌芽之迟早，分为迟茶、早茶等；树态均为矮形，常绿灌木；叶互生，质厚，色深绿，锯齿浅而密，且略尖锐；开花期颇长，可自九月至十二月，花瓣五至七片，萼片内或有毛或无毛，雄蕊甚多，成熟时为黄金色，雌蕊柱头三分，果多扁圆形，内有种子一至四粒；树高约三尺至六尺，其形质差异甚大。

3. **种旧** 闽南茶树品种种类非常繁多，大部均系新近繁殖，仅有数十年之历史，或由外县输入，或原产闽南，陆续被发现者。种旧即旧有实生种之总称，用以区别新近繁殖之茶种者，树势形态不一，茶质亦不佳。

乙 无性繁殖之茶树

1. **大白茶**[①] 仅政和、福鼎二邑有之，栽培究自何

---

① 可参考张天福《福建白茶的调查研究》（福建省茶叶学会编：《白茶研究资料汇集（1963—1964）》,1965 年）。

时，无正确文献可稽。政和之起源传说有二：一谓光绪十五年，城东十余里铁山乡有乡民魏春生者，院中野生一树，初不注意，及后墙坍，该树压倒，无意压条繁殖，衍生新苗数株，引以为奇，试之与茶树无异，乃移植铁山高仑山头；一谓咸丰年间，铁山乡有堪舆遍走山中，堪觅风水，在黄畲山无意中发现奇树一株，摘数叶回家，试之味与茶同，乃压条繁殖，及长，芽嫩肥大，制成茶叶，味极香美，生长迅速，于是村人争植之。

福鼎则谓光绪十一、二年间，竹林头乡有孝子名陈焕者，家甚贫，一日至太姥山祈焚，太姥娘娘示以山峰一处，云：汝可在此觅衣食。翌晨至太姥娘所示之处，除怪树一株，别无所有，乃采枝移植及住宅附近山上，是后其家遂富。基于以上传说，政和大白茶原产地为铁山，福鼎大白茶原产地为太姥山，并均为光绪年间发现，当无可疑。

其树高可及丈，树势直立，为半乔木性，凌冬不凋，枝条稀疏，叶片厚而极圆，端及基部略尖，叶大平均13 cm×4.5 cm，叶多洁白绒毛，叶芽长而多洁白绒毛，叶色浅绿，叶面平展而粗绉，锯齿粗疏，老枝灰色，新枝赤色，茎皮多纹理，秋开白花，不易结果，花合萼杂瓣，雄蕊多数，在周围长短不齐，制茶品质甚佳。

2. **乌龙**　相传百余年前，有安溪人姓苏名龙者，移植安溪茶种于建宁府，该地茶农认为优良新种，因而繁殖而栽植之，及其死乃号茶曰乌龙。又传乌龙于道光年间由安溪人詹金[4]圃氏移之建瓯，再由建瓯移之武夷，是茶原产地为安溪，当可断言；现各地所植者，有大叶、小叶、软枝之分。

大叶者树高五六尺，枝条向上伸展，披张而稍脆，叶先端略钝，近长椭圆形，叶大平均约 8 cm×3.6 cm。叶面成凹形，叶缘向上跷，状如水沟，锯齿细密，叶呈浓绿色。

小叶者树高二三尺，枝条向侧伸展，树势屈曲多姿，成矮性披张形，老茎灰黑，叶色浓绿，叶面亦不平，主脉甚显，叶大平均约 5.1 cm×2.3 cm，成长椭圆形，成茶品质甚佳，色泽乌润，香气极高。

软枝者，其枝条披例为蔓籐，甚嫩，叶之形质与大叶乌龙无差，为茶农所认为优良之佳种也。

3. 水仙　原产于水吉大湖，相传清道光年间，有泉州人姓苏者，寄居大湖。一日，往对岸岩叉山采竹竿为旱烟筒，经桃子岗竹仙洞下，见树一株，花白类茶而大，初不知其为茶也；异之，偶折一枝，缀竹笠上，抵家后觉叶溢清芳，姑试以制乌龙茶法制之，竟香冽甘美，遂遍将是茶移植西墘家前，命名曰"祝仙"，用以纪念其移自祝仙洞者；第以当地"祝""水"音近，日久则渐讹为今名水仙矣。

其茶树势高大，枝条直立，乃半乔木性者，茶枝质脆，叶肉微厚亦脆，叶形为长椭圆形，大约为 14 cm×4.5 cm，叶面光滑呈深绿色，嫩叶呈黄绿色，锯齿深而疏，嫩叶背面多白毛，枝条较稀，节间稍长，新枝黄褐色，老枝呈灰白色，花大而稀，雌蕊长不易结果，叶易发酵，成茶条索较一般茶叶均粗大，犹其主脉之特征，甚易认辨也。

4. **铁观音** 相传五六十年前有姓魏名饮者，安溪第四区松林头乡人，信佛，每早必送清茶一杯上山，侍奉观音。一早忽见山岩之上，有茶一株，日光照射，叶面闪出银光，与普通茶树迥异，奇之，移植盆中，加意管理，采叶制炒，香味特浓，遂以压条方法繁殖之，喜为观音所赐，因之名曰"铁观音"。铁者，乃象征其叶重且厚，色深如铁之谓也。

其茶树高可达五六尺，灌木，树势披张，茎软，叶椭圆形，大约7.1 cm×3.2 cm，叶肉厚重，色浓绿，叶面光滑，日光照射，能发银光，脉间叶肉隆起，锯齿齐整略粗疏，叶平展，两缘略向后翻转，叶柄扁阔，近基部主脉甚明显，为其特征。花瓣六片，长圆形，花丝细小，约二百二十余枚，十一二月为开花盛期，约开四月，雌蕊短于雄蕊，花果均多。产量稍差，有红芽与竹叶二种，红芽者芽红色，竹叶者叶稍长，叶面粗糙不反光，锯齿较细密，是其别也。

5. **桃仁** 树势高大，略逊水仙，有似梅占，叶薄略软，成椭圆形，大约 6.7 cm×3.5 cm，叶尖略带斜形，叶面多隆起，锯齿浅密，叶平展，色深绿，嫩芽略呈黄绿色，节间短，枝条密，生活年限较短，产量多。

6. 奇兰　树势高大直立，枝条向上伸展稍稀，叶薄面软，平展，椭圆形，叶尖略带斜形，叶面光滑，呈淡绿色，幼芽叶略呈黄绿色，锯齿深密，叶大约 8.0 cm×3.4 cm，节间长，花少，多能结实，实生种可与母树无异，有"奇兰不背祖"之称。

7. 梅占　树势高大，枝条直立，有如奇兰，性脆，叶长椭圆形，先端较小，锯齿细而疏，叶质脆略薄，叶缘略向上翻，叶大平均约 8.3 cm×3.8 cm，叶色深绿，幼芽颇长，花多而结实少，为其特征。与大白茶颇相近似，制茶品质甚佳，亦名种之一。

8. 雪梨　武夷称雪梨，安溪称香橼[5]，亦称佛手。树势披张，枝条软，颇似柑橘类之香橼，叶大而圆，为其特征，甚易辨别。叶大平均约 12.0 cm×4.0 cm，较大者亦有之，叶面常卷曲不平，脉间叶肉隆起，甚高厚，锯齿疏细，嫩叶黄绿色，压条不易生根。制茶品质甚佳，味浓色深，冲水次数多，消化力特强，多充药品。可分大叶、小叶两种，大者又有红芽、白芽之分，小叶者树势性状与大叶同，惟叶之先[6]端细，茎部较小，为长椭圆形，大为 8.0 cm×3.5 cm，品质较大叶者稍差。相传二十年前，安溪第四区骑马岩上一和尚，取柑橘类之香圆①作砧木，接茶穗于砧上，而得此种。

9.**肉桂**　树高五六尺，枝条向上伸展而略披张，极似大叶乌龙，叶为长椭圆形，大约 9.1 cm×3.6 cm，锯齿浅密，叶面光滑肉厚，枝条颇脆，呈灰白色，此种仅武夷水帘洞有之。

10.**黄龙**　树高四五尺，叶呈深绿色，嫩叶呈微红色，叶面光滑细微，叶尖钝圆，锯齿深密，叶侧脉六至十对，叶面隆起，叶大平均约 7.3 cm×3.3 cm，枝条略软，呈灰白色，亦仅武夷水帘洞有之。

11.**白毛猴**　栽培甚少，仅安溪几处有之，不易发育。树势矮小，枝头稀，节间短，叶密生，尖端略钝，叶色淡黄，大约 6.0 cm×3.0 cm，幼叶背面多纵立白毛。

12.**白牡丹**　树势直立，叶小于桃仁，大约 5.0 cm×2.0 cm，椭圆形，叶肉薄，叶面平展，叶赤黄色，节间短，叶量多，制茶品质优良，香气特高，栽培亦少。

13.**白毛蟹**　性状与白毛猴同，叶较小，大约 4.5 cm×2.0 cm，幼叶背面白毛多而长，为斜立，容易识别。

14.**大红**　树势亦矮小，叶质厚，大约 6.5 cm×3.1 cm，形近水仙，叶平展，间亦向后翻，叶肉隆起，制茶品质不佳。

---

① 香圆：即香橼。

闽茶种类及其特征

15. **黄棪**　亦称之为黄金桂，性状与桃仁略同，叶椭圆形，先端较小，叶面平展，叶脉间有隆起，锯齿略疏，幼芽叶金[7] 黄色，制茶味香，水色鲜艳。

16. **大葱**　树势直立，生育健旺，叶长椭圆形，大约5.5 cm×3.1 cm，叶质厚，色深绿，锯齿细稀，叶缘略向上翻，制茶品质不甚佳。

17. **腾云种**　树势矮小，枝条软而披倒，叶小，大约5.0 cm×2.0 cm，锯齿疏，节间短，叶密生，叶后脉略带黄色，枝亦赤黄色。此种为三十年前黄腾氏[8] 发现枝条变异，乃以压条法而得之者，现栽于崆阳山，共十三株，称为十三罗汉。庄灿彰于抗建前在安溪调查，乃特名之曰"腾云种"。

18. **萧椅种**　为一奇种，现仅安溪有四株，植于城内蔡上弈园中，闻系由建瓯萧氏传入。灌木，树直立，高四五尺，叶略厚，形多歧变，有椭圆形，有蛋形，倒卵形，有近圆形者，更有叶片纷歧为二三小叶者，或叶脉上生四分叶，状如银果叶者，锯齿多细密，间亦有粗疏者。发芽略早，花萼五片，深绿色，花瓣薄，数较普通多，七至十二片，八至九片居多，花枝细小，约三百七十余枝。茶质优良，味清香，水色亦佳。

19. **红影**　树势中等，枝条开张，叶近圆形，大约8.7 cm×3.6 cm，先端圆钝，生育旺，春芽长，色赤为其特点，茶质不佳，栽者甚少。

20. 苦茶　树势高大，节间长，叶淡黄绿色，锯齿疏，脉明显，叶大约 7.0 cm×3.0 cm，茶质不佳。

附福建茶树品种一览表[9]（本表参看茶叶研究所三十一年度工作报告：武夷山茶树品系）

福建茶树品种 {
　有性繁殖之茶树 {
　　菜茶—闽北各县
　　山茶—闽东各县
　　种旧—闽南各县
　}
　无性繁殖之茶树 {
　　大白茶—政和、福鼎
　　乌　龙—闽北、闽南
　　水　仙—闽北、闽南
　　铁观音—闽北、闽南
　　桃　仁—闽北、闽南
　　奇　兰—闽北、闽南
　　梅　占—闽北、闽南
　　雪　梨—武夷、安溪
　　肉　桂—武夷山
　　黄　龙—武夷山
　　白毛猴—安溪
　　白牡丹—安溪
　　白毛蟹—安溪
　　大　红—安溪
　　黄　棪—安溪
　　大　葱—安溪
　　腾云种—安溪
　　萧椅种—安溪
　　红　影—安溪
　　苦　茶—安溪
　}（产地）
}

闽茶种类及其特征

79

三、成茶种类

福建茶叶，以制茶方法之不同，与栽培地域之互异，可大别为红茶、绿茶、青茶、花薰茶、白茶五大类。红茶为茶青自茶树采下，经萎凋、揉捻，完全发酵变为黄铜色，再经干燥筛分而成者。绿茶为茶青自茶树采下，经高温杀死酵素，停止发酵作用，再经揉捻干燥而成者。青茶为茶青自茶树采下，经萎凋、杀青、揉捻等过程而使半发酵者，介乎红茶与绿茶之间。花薰茶乃毛茶经筛分拣剔，再加香花薰之，以增加其特殊之风味者，薰花茶叶以绿茶为主，青茶次之。白茶为茶青自茶树采下，用日晒干，拣剔而成者，制茶程序最简单，数量亦最少。兹分述如次。

甲　红茶

开始制造当在明末清初，而盛于清咸同年间，可分为工夫、小种两种。工夫以精制手续较精而得名，因产地之不同，可分闽北工夫、闽东工夫两大系（福建茶区以福州为中心，闽东称北路，闽北称西路）。闽东即北路，其地产茶，初未盛著，清咸同间，福建茶业极盛，凡产茶之地，有利可以开发者，农商莫不竞争之。北路之茶，即于其时为建宁茶客所赏识，其采制地点，以福安坦洋、福鼎白琳为中心。现闽东工夫有白琳工夫、坦洋工夫、古田工夫等三种。白琳工夫包括福鼎、霞浦两邑所产；坦洋工夫包括福安、宁德、寿宁、周墩四区所产；古田工夫乃小种，销路迟滞，而改制者，数量极少，近年茶景不佳，已告绝迹。闽北工夫产地为政和、崇安、邵武、沙县四邑，政和以工夫制造最早，全盛时期，每年产量在数万箱以上，内塘茶尤脍炙人口，自向以产松溪工夫著称之遂应场划入该区后，遂执政和工夫之牛耳，在未统制以前，洋行购买，一切红茶须俟遂应场茶叶到后，方得开盘评价[①]；崇安、邵武均为小种产区，工夫无多，抗战以后，小种销售困难，茶号乃纷纷改制工夫，但数量亦不多，年仅数千箱之额；沙县工夫之产制，始于同治季年，最高产额为光绪十五年之六万箱，十六年以降，步步下降，近以海运艰阻，已告绝迹，倘再不谋补救之策，势必湮没无闻于后世；闽北工夫过去曾盛极一时，现已湮没，产量甚微，如建瓯于清咸同年间，产工夫以千百万计，驯至光绪中叶，始有乌龙起而代之，红茶产量逐渐减少，今则不复以产制红茶见称矣。

小种因条索较粗松，筛分时较工夫所用筛大半号，可

[①] 郑永亨《闽茶杂录》（《闽茶季刊》，1940 年创刊号）："政和茶最佳者产于遂应场锦屏山，该处土质膏腴，地势高耸，得天独厚，故所产之茶甜质甘香，叶底红亮，适合英国饮茶人士口胃，故常驰誉伦敦市场，惟该处茶叶拣工不甚精良，视其性状不如宁州茶之齐整，然试之遂应场茶的滋味，似胜于宁茶多多。"

闽茶种类及其特征

分正山小种①与人工小种两大系。正山小种亦名星村小种②，俗有"药不到樟树不灵，茶不到星村不香"之谚，其主要产地为崇安之星村、曹墩、皮坑及桐木关一带，而以桐木关之高山茶为最优。桐木关位于崇安之西部，岗峦重叠，自关底至关顶，长约三十里，海拔在一千五百公尺以上，四季雨量调匀，晨则云罩雾及，阳光照射，时间颇短，所产茶叶，肥大优良，叶肉宽厚。关内纵横上下百数十里，农民住所，即为茶厂，土地垦辟所及，均为茶园。邵武、崇安、建阳之县所制之正山小种，即以此为代表。与桐木关相邻之山为江西光泽县③之崩山，及铅山县之黄比村④，此三山皆为仙霞山脉之一部。在福建界者以仙峰岭为分水岭，仙峰岭之东为崇安桐木关之十里厂，以南为建阳之坳[10]头，以西为邵武之观音坑，此三处所产之茶，为正高山茶，方能称为真正山小种，普通所谓正山小种者，皆赝品也。邵武之观音坑与建阳之黄坑，交通较为便利，所产茶叶，须先挑黄坑，而后分售各地，惟所产无多，年仅数千斤而已；建阳之坳头产量亦少，故桐木关独享盛名，全盛时期，集中星村制造者，多达十余万箱，今

① 正山小种：是指采用有性繁殖的武夷菜茶的芽叶，经传统加工工艺制作而成，具有桂圆干香和桂圆汤味品质特征的红茶。
② 可参考叶秋《星村小种》（《茶叶研究》，1944 年第 2 卷第 4～6 期）。
③ 光泽县：今属福建。
④ 黄比村：指今篁碧畲族乡，境内独竖尖，为华东第二高峰。

已一落千丈，不复有当年之盛况。

人工小种，又名假小种，亦称烟小种，乃品质粗劣之茶叶，仿正山小种制法制之，以迎合西人之胃口。古田、政和、坦洋、闽侯东北岭等处均有之，惟数量亦不甚多耳。

红茶除上述之两类外，尚有以白茶制之橘红及红标茶两种，品质亦佳。

橘红仅十余年之历史，为白琳合茂智茶号创制，售价高于普通红茶，以后各茶号亦纷纷仿制。至橘红之名，为该茶泡水鲜红似橘，因而名之。

红标茶历史与橘红相仿，为民国二十年左右，上海华茶公司托制，用白毫茶仿祁门红茶制法制之，色香味均佳，惟亦数量无多。

乙　绿茶

其得名之始，当为福鼎之太姥山。《闽小纪》云："太姥山茶名绿雪芽。"[11] 《闽产录异[12]》亦云："太姥绿雪芽，今福宁府各县种之，名绿头春，味苦。福宁白琳、福安松萝，以宁德支提为最。"宜乎今日北路绿茶较红茶为多也。然其盛则继红茶之后，绿茶以成茶分：有淮山、莲心、龙须、白毛猴（政和、安溪者例外）、石亭绿等；以毛茶分：则有炒绿、清水绿、篓青、黄茶、岭青、岭绿等。兹细述如次。

闽茶种类及其特征

炒绿、清水绿品质之佳者，用以制花薰茶，品质较次者，用以制淮山。炒绿与清水绿以初制方法不同而分，炒绿于揉捻之后，摊放日光下曝晒，略燥置锅中炒之，故又有炒青之称。清水绿则于揉捻后，置焙笼内焙干，故又有烘青之称。炒绿条索紧结，色泽灰青，水色淡绿。清水绿条索宽松，色泽青黑，水色微红。炒绿与清水绿之产地，为北路诸县，及东路之古田、罗源为佳，产量则以福安、宁德为最。

篓青为西路所产之绿毛茶，用竹篓包装运至福州作花香坯者，称为篓青。

黄茶乃福鼎所产之绿毛茶，其采制较红茶为早，品质与福安之绿茶相若，惟略带涩味。其运往福州，出口地点为沙埕一带，在福州称为长路茶，而赛岐、三都来者，谓之短路茶。

连江与闽侯所产绿茶，茶片虽不甚粗，而连江茶水色较薄，味亦较差。闽侯茶则水色略清，其在北岭一带者，茶青多直接运福州加制。古田、罗源之邻近闽侯县者，亦多然，故有岭青、岭绿之称。

石亭绿为南安不老亭（亦称石亭）所产绿茶，品质甚佳，风行南洋各地，近达六十余载，数量不多。

淮山茶为福建茶叶中特种制品之一[①]，与工夫、莲

---

① 参见林英《淮山茶之产制》（《闽茶季刊》，1940 年创刊号）。

心、花香齐名，专销俄国。闽茶中所谓包庄茶者，即俄商订制淮山茶之别称，间以中俄商事不通，包庄茶销路中断，嗣沪上茶庄有向闽东采制原料，改制洋装茶，俄商遂直接向沪购办。

莲心产于西路之崇安、水吉、政和、建瓯，及北路之福鼎、霞浦等地。建瓯、水吉之莲心，产于旧之建宁府之西紫、三禾二里，前均运售崇安赤石。近年水吉已有设庄采办，庄客多属广潮帮。政和莲心于民国七年承工夫、银针等茶失败后而改制者，最高额曾达万箱以上。福鼎莲心质甚幼小，水色浅淡，极为美观。

龙须产于崇安北路赤石八角亭等处，数量不多，年仅数百箱之额，运销美国，作婚丧喜庆赠送之需。

白毛猴为白毫银针销路阻滞[1]，而行改制者，仅福鼎、政和有之，品质极佳，为闽绿中佳品之一。

丙 花薰茶

明程荣《茶谱》谓："木樨、茉莉、玫瑰、蔷薇、蕙兰、莲、橘、栀子、木香、梅花等皆可作茶。诸花开时，摘其半含半放、蕊之香气全者，量其茶叶多少，摘花为茶，三停茶，一停[13]花，用磁炉，一层茶，一层花，相间至满，纸箬扎固入锅，重汤煎之，取出待命，用纸封

---

① 参见陈祖坚《政和白毛猴之研究》（《闽茶》，1946 年第 7 期）。

裹，火上焙干收用。"虽制法与今大异，亦足见前人知引花香以益茶味矣。然其薰制之盛，则始于光绪中叶，而最大薰制中心，则为福州。福州花香茶之创制，迄今不过百年，最初以茉莉花薰花者，为长乐帮茶号，如生盛、大生福、李祥春等，古田茶号为万年春等继起而效之，唯其时花香来源为种于长乐之茉莉，产制有限，迨福州附近各乡栽植后，花香茶之营业遂大盛。

花香茶之毛茶来源，除本省北路及东路各县外，尚有外省运闽者，其主要为皖浙两地。皖省以黄山毛峰、大方为最多；浙省除浙西产之大方、毛峰、旗枪外，西湖龙井亦有运闽薰花者，称为花龙井。花薰茶以薰制原料可分为：花芽茶、花淮山、花毛峰、花大方、花龙井、花包种、花三角、香片、花青茶等。以所用香花可分为：茉莉、珠兰、玉兰、水栀、柚[14] 花、玦玦等。兹将各花附述于下。

1. 苜莉花①

种出西域，汉时始入中国，初仅种植瓦盆，为赏玩之资，后渐繁殖闽中，始有烘茶之用。苜莉为常绿灌木，花香洁白，气味芬芳，高不满三尺，宜植沙质壤土，多以压条或插条法繁殖，清明前下土，一年后即可开花。栽培方法，亦极简单，整地毕，即可挖穴，插入枝条，每穴可十

———————

① 苜莉花：即茉莉花。

余株，植毕盖以沙土，待其成长，除草施肥，每月一次，自夏开花，经秋而谢，畏霜怕冷，十年即行凋落。曩者，榕城近郊，遍野绿丛，清风徐来，阵阵花香，是以怡神，兹已时过境迁，铲除逾半，无复当年之盛况矣。花自五月始至十月间，尤以七、八两月所产最盛，品质亦最佳，因季节不同，有春花、伏花、秋花之别，伏花所薰之茶，最为上品。

2. 珠兰

学名金粟兰，又称珍珠兰，为金粟兰种植物，本省连江、长乐、闽侯等地均有之。连江多蔓植于岩壑间，长乐及闽侯则多植于田园，但种苗多取给于连江。抗战前每担约值廿元，今以花价低落，种植既少，而转运者乃绝于途。珠兰高不及尺，春间开花，过暑而凋，花黄绿色，圆小如珠，香味浓郁，植者多于春间以压条或分株法繁殖之，一年后即可开花。宜沙质壤土，培植容易，一年间若予除草，修枝，施肥，去虫三次，其生长未有不繁茂者。惟性畏严霜暴日，故终年均须盖以草棚，更有于夜间取去蓬盖，以吸露水，开花之盛，无过其右。花季自清明始，五月最盛，至七月始绝于市，茶叶品质之较次者，均以是花薰之。

3. 玉兰花

为常绿灌木，树高丈余，清光绪间始自广东繁殖福建。时总督某，粤人，莅任之初，带有盆植玉兰十数盆，以资赏玩。督署花役陈某，凤岗雁滨①人，见其含香浓郁，婉询将花取归伺养，时值秋末，折其枝，接以木笔②，过春发芽，并将原本送归督署，而总督未之觉也。此数枝玉兰，经其加意培植，生长尤速，乃相传于葛屿、雁滨、叶宅各乡，至今不替。其树枝叶茂翳，多植于山野，或田亩中，以接木或插枝法繁殖之，长成后予以移植，每枝相距须及丈，秋后即可种植，但性畏盐质养分，故土养之选择，至关重要，苗栽若浸溪洪，过七日即死，成林则无虞。玉兰一年后即可开花，过三年始旺盛，树经百年不凋，每年花开两次，四月至六月一次，谓之春花，七月至十月一次，谓之秋花，十一月以后间或有之，但以节气[15]寒冷，即难开放，且不多见，须待转春始能放发，惟该花经乡人研究结果，得以人工左右开花日期，诚亦花卉中别饶趣味者。其法系于玉兰结蕊时，将其剪光，俟两月后，即可再发新蕾，绝无一损，俗谓之剪水法；又有将花蕾或新芽摘去，使其再发，故可延迟开放时间，谓之采蕾法，或采芽法，但其原则与前者无异，不过前者乃全株计，后者仅部分耳。玉兰含香浓厚，不论何时茶叶均可烘用，且有特殊风味，只用小许，可抵其他花香数倍，且花香特长，为其他香花所不及，终以易长难枯，繁殖迅速，产花量多，沦为下品，不为农商所重视。

① 凤岗雁滨：今福建福州仓山区一带。
② 木笔：紫玉兰。

4. 水栀花

为常绿灌木，树高四尺余，间亦高过六七尺者，须单植之，宜沙质土壤，闽侯凤岗乡一带所植最多。花白色，类夜合，但花瓣柔软洁白，不若夜合之坚硬。春三月开花，四月萎谢，花季极暂，因所含水分过多，故不为茶商所重视，价常在玉兰下。水栀生长甚速，一年后便可开花，花味清香，除供薰茶外，可供玩赏之用，每株年仅可采择数斤，系用插枝法繁殖之。

5. 柚树

为常绿灌木，高丈余，春间开花，色洁白，味芬芳，可供薰花之用。实为柚，可供食。闽侯以第三区新洲一带所产最多，年达千余担，惟开花季节甚早，与茶季未尽适合，故销路不广。然植者多以其实为目标，产花得价与否，在所不计。

6. 玳玳花

为常绿灌木，种出扬州，后繁殖苏州。民六间，榕人商于苏，见其价昂贵，移植于闽侯凤岗区，时每斤价可值四五元，利益倍厚，乡人争相购苗栽植之，故雁滨及葛屿、叶宅等乡种植尤多。树高及丈，每亩之地，可植六十株，得以插条法繁植之。花色白，鲜者味淡薄，不及茉莉、珠兰及其他杂花殊甚，但焙干可用。清明前开花，节后三星期始萎谢，可结实，名曰湘壳，可代枳壳，以充药用。春末下土，秋后应予移栽，过年即可开花，历四五年

闽茶种类及其特征

产量始大增，寿命可数十年。

7. 桂花

薰茶所用之桂花，为岩桂，而非肉桂。岩桂亦名木犀[16]，常绿亚乔木，庭院多栽植之，叶为椭圆形对生，秋日叶腋丛生小花。花冠下部连合，色有黄有白，白者曰银桂，黄者曰金桂，香气极浓厚。闽南青茶，颇多用之。

丁　青茶

可分闽北、闽南两大系，闽北青茶除武夷岩茶外，尚有水吉、建瓯两地之水仙、乌龙，最为驰名。

武夷岩茶

产于崇安县南二十里之武夷山，山有三十六峰、九十九岩之胜，峰峦岩壑，秀拔奇伟，高低俯仰[17]，吞云吐雾，鬼斧神工，难以名状。水则溪流九曲，流转其间，幽邃清淙[18]，苍冥万古，蔚成山乡水国，皇都仙境。以其环境优异，云雾弥漫，所产茶叶，品具岩骨花香之胜。其茶有岩茶、洲茶之分，附山为岩，沿[19]溪为洲，岩为佳，洲次之，第岩茶反不甚细。又有山南、山北之分，山北为佳，山南又次之，而尤以产于慧苑、倒水、牛栏三坑[①]，流香、悟源二涧者更为绝品，故慧苑、竹窠、三仰、天井、天心、天游、兰谷、幔陀位于三坑二涧之间，有八大名岩之称。其茶由水仙、乌龙、奇兰、桃仁等品种制成者，概各依品种原名，不另加分别。由菜茶制成者，则分提欉、单欉、奇种、名[20]种、焙茶五种：

A. 焙茶系由初干后簸出之黄片，加以筛分制成者，品质最下，价亦最廉。

B. 名种为洲茶制成之茶，或半岩茶在制造上处理失当，或因气候关系，不能制成预期之成品，色香味均欠佳者。

C. 奇种为正岩茶，色浓，香清，味醇[21]，具有岩茶之特征。

D. 单欉系选自优异之菜茶，植于危岩绝壁之上，崩险罅隙之间，单独采摘焙制，不与别茶相混合，藉以保持该茶优异之特征，品质驾乎奇种之上。

E. 提欉为提自千百欉单欉中之最优异者，采摘制造，均维谨维慎，品质有以言语不能形容之美者，如天心岩之"大红袍"，慧苑岩之"白鸡冠"，竹窠岩之"铁罗汉"，天井岩之"吊金钟"，兰谷岩之"水金钩[22]"等是。

---

① 三坑：林馥泉《武夷茶叶之生产制造及运销》有另说，文云："武夷重要之产茶地多在山坑岩壑之间，产茶最盛而品质较佳者有三坑，号武夷产茶三大坑，即慧苑坑、牛栏坑及大坑口是也。所产之茶称为大岩茶。"

建瓯、水吉之乌龙、水仙，产量占闽北青茶之半，全盛时期，年达十万箱之额。初时多将毛茶运崇安赤石，集中精制，然后出口，后因运输重复，茶商即在当地设庄采办。

闽北青茶除武夷岩茶，建瓯、水吉水仙、乌龙外，尚有沙县、古田两茶区。沙县因产量不丰，现已无采制者；古田水仙、乌龙均有之，以平湖乡为最著，但为量亦无多。

闽南青茶，漳州府属与泉州府属各县均有之，而以泉州府属之安溪最驰名，该区因茶树时有新品种发现，成茶有铁观音、水仙、乌龙、梅占、桃仁、奇兰、香橼、大红、白毛猴、白毛蟹、包种等廿余种。就中品质以铁观音为最佳，产量亦最多，行销漳、泉、潮州、厦门及南洋各属，执闽南青茶之牛耳。其销售南洋者，茶商为迎合各埠消费者之习惯，拼制适应各消费者之饮用茶叶，随其拼制方法之不同，而有特定之商标，一般消费者亦多认定其嗜好之商标为购买对象，即使同一茶叶，因商标不同，消费者亦不愿购买。是以各商标茶叶数量较少，大多为零星售卖，以便携带，用纸包成方包，每包二两或四两。包茶之纸，即称种纸，包种茶当即以此而得名。

闽南如诏[23]安、云霄①等县，每一人家均有一茶壶，壶以用久为贵，以小为上②，一壶数十金有之（抗战前物价）。客至，汲水烧开，烫热茶壶，装入茶叶，以装满七八分为度。既不斟茶，随斟随饮，不宜冷饮，或久滞壶中。每饮一小瓯，虽数饮亦不及京沪茶店之一杯也。举瓯欲饮，先赏其香，次嗅其味，入口苦，后生甘，且喉韵长，是为上品。

据谈烧水之火，最忌多烟，以用甘蔗渣为上，次用木炭。水宜泉水，沸后即斟，不宜久沸。茶久饮，可益智提神，助消化，解渴之力尤大。人常饮茶，则不易患皮肤

①云霄：为武夷岩茶在闽南的老销区、主销区，更是武夷岩茶的集散地。云霄的武夷茶缘，是武夷岩茶闽南销区的一个缩影与历史见证，源远流长。云霄人对武夷岩茶情有独钟，远近闻名。云霄人喜欢喝武夷岩茶，习惯于经营武夷岩茶。据了解，云霄人经营武夷岩茶已有近二百年历史，清代有"漳州茶庄"，民国期间有"庆和茶庄""漳苑茶庄""奇苑茶庄""雾苑茶庄""奇香茶庄"等。

②指工夫茶，清代文献即有记录，例如《（乾隆）龙溪县志》[清乾隆二十七年（1762）刊本]记载道："灵山寺茶，俗贵之，近则远购武夷茶，以五月至，至则斗茶，必以大彬之罐，必以若深之杯，必以大壮之炉，扇必以琯溪之蒲，盛必以长竹之筐。凡烹茗，以水为本，火候佐之。水以三叉河为上，惠民泉次之，龙腰石泉又次之，余泉又次之。穷山僻壤，亦多靴此者，茶之费岁数千。"又，《（道光）厦门志》[清道光十九年（1839）刻本]："俗好啜茶，器具精小，壶必曰孟公壶，杯必曰若深杯，茶叶重一两，价有贵至四五番钱者，文火煎之，如啜酒然，以饷客，客必辨其色香味而细啜之，否则相为嗤笑，名曰工夫茶。"可参看。

病，多食油肉，宜藉茶以去腻。茶经久藏，能治热病，暑天饮茶，尤能解渴。茶性和，惟焙火不足，则带寒性。兹录古人品茶法两段，藉资参照。

《岕[24]茶笺》云："茶壶以小为贵，每一客，壶一把，任其自斟自饮，方为得趣。何也？壶小则香不涣散，味不耽搁，况茶中香味，不先不后，只有一时，太早则不足，太迟则已过，见得恰好，三泻而尽，化而裁[25]之，存乎其人。"

《茶解》①："烹茶宜甘泉，次梅水，梅水如膏，万物赖以滋养，其味独甘，梅后即不堪饮。"读此可知闽南青茶不仅其量多质佳，其饮用亦精雅。

戊　白茶

乃高贵之茶，产量极少，仅政和、福鼎有之。以品质之精粗，与制法之不同，可分为白毫、白牡丹、寿眉三种。白毫亦曰银针，又曰银针白毫，以其仅取嫩芽之一枪一旗（芽谓之枪，叶谓之旗）。福鼎只取一枪，在烈日曝晒，斯时颜色鲜白，叶上毫毛，与日光相映，照射如银，因而名之银针白毫，销德国、俄国居多。白毛猴、白牡丹、寿眉等以销香港、安南居多，为国茶中之特产品。白茶有顶标、次标之分，其长大洁白肥胖者，为顶标，细长

---

① 《茶解》作者为明代罗廪。

微黄，或两端焦黑者，为次标。白牡丹制法与银针同，惟采摘较为粗放，一芽二叶或三叶。寿眉与白牡丹同为一茶，品质优而色泽佳者，称为白牡丹，色泽品质较次者，为寿眉。白牡丹与寿眉除福鼎、政和二邑外，水吉、建瓯亦有之，惟其茶青原料为菜茶，或水仙茶，而非大白茶，因其制法相同，故列入白茶类也。

综上所述，各茶可归纳如下表[26]：

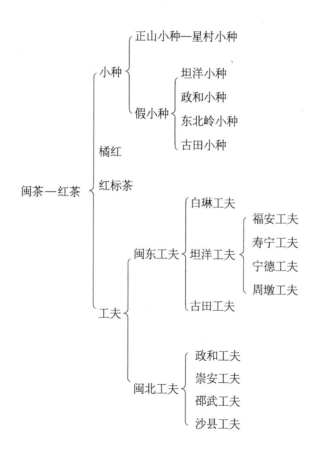

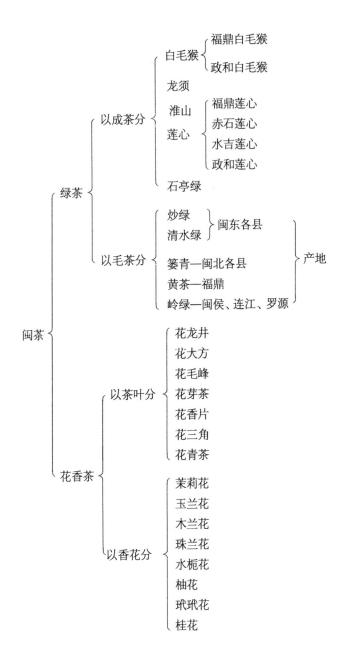

廖存仁 茶学存稿

闽茶
├─ 绿茶
│   ├─ 以成茶分
│   │   ├─ 白毛猴
│   │   │   ├─ 福鼎白毛猴
│   │   │   └─ 政和白毛猴
│   │   ├─ 龙须
│   │   ├─ 淮山
│   │   ├─ 莲心
│   │   │   ├─ 福鼎莲心
│   │   │   ├─ 赤石莲心
│   │   │   ├─ 水吉莲心
│   │   │   └─ 政和莲心
│   │   └─ 石亭绿
│   └─ 以毛茶分 ────────────────┐ 产地
│   ├─ 炒绿
│   ├─ 清水绿 ── 闽东各县
│   ├─ 篓青——闽北各县
│   ├─ 黄茶——福鼎
│   └─ 岭绿——闽侯、连江、罗源
└─ 花香茶
    ├─ 以茶叶分
    │   ├─ 花龙井
    │   ├─ 花大方
    │   ├─ 花毛峰
    │   ├─ 花芽茶
    │   ├─ 花香片
    │   ├─ 花三角
    │   └─ 花青茶
    └─ 以香花分
        ├─ 茉莉花
        ├─ 玉兰花
        ├─ 木兰花
        ├─ 珠兰花
        ├─ 水栀花
        ├─ 柚花
        ├─ 玳玳花
        └─ 桂花

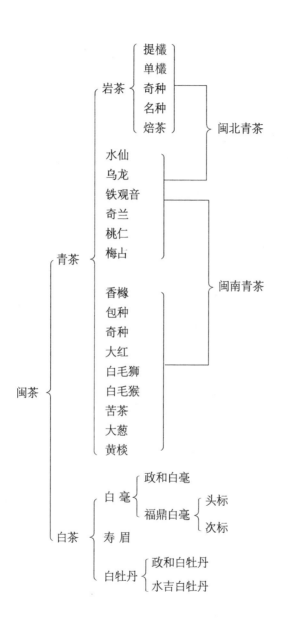

闽茶种类及其特征

四、成茶特征

甲　红茶

子　小种

1. 正山小种　叶肉宽厚，条索粗大松散，颜色乌黑，油润有光，泡水鲜艳浓厚，呈深金黄色，叶底光滑，泛旧铜铁色，香气极高，微带柏油味，西人有 Terry Souchung[①] 之称，入口清快活泼，精神为之一振，咽后颊齿流芳，浓香扑鼻而出，殊足以清神解渴，亦国茶中之特产品也。

2. 东北岭小种　条索较正山小种更为粗大松散，茶身轻薄，泡水鲜艳淡薄，呈深金黄色，色泽灰黑枯涩，叶底明亮红艳，泛旧铜铁色，烟味极重，有烟小种之称，入口强烈刺激烟味，冲鼻而出。

3. 坦洋小种　为工夫茶之筛面茶所制，条索粗大，茶身轻薄，用乌烟着色，以手扪之，烟能染手，色泽乌黑枯涩，泡水淡薄暗浊，呈黄黑色，滋味粗劣，略似旧铜钱色，入口强烈乌烟气味，冲鼻而出，较东北岭小种，品质又逊一筹。

4. 政和小种　亦为工夫之筛面茶所制，条索粗大松散，较坦洋小种而上之，色泽乌黑，油润有光，泡水鲜艳

---

① Terry Souchung：或作"Lapsang Souchong"。

浓厚，呈深金黄色，滋味浓厚甜和，香气纯正馥郁，入口活泼清鲜，叶底明亮粗老，泛旧铜钱色，品质之佳者。用松木熏烟，可充正山小种，亦小种中之佳品。

5. 古田小种　条索粗大，色泽乌黑光润，泡水清澈淡薄，用乌烟着色，滋味较坦洋小种略轻，大约与东北岭小种相似，叶底暗淡，老嫩不匀，为小种中之下品。

丑　工夫

1. 白琳工夫　条索紧细，匀称整齐，形状较祁门红茶而上之，多白毫，色泽黄黑，泡水鲜艳，清澈淡薄，呈金黄色，叶底明净，光滑细嫩，泛新铜钱色，火工极高，滋味淡薄而微，入口无有快感，而有"毫"味，在国际市场上，颇占地位。

2. 坦洋工夫　条索较白琳工夫粗大，亦紧结整齐，色乌黑有光。以前大多用乌烟着色，抗战以后，茶政机关厉行禁止，现已绝迹。无白毫，泡水浓厚鲜艳，呈深金黄色，味鲜清甜，而微带枯涩，叶底光滑青花，入口清淡，仅减政和工夫。

3. 古田工夫　为小种无销路而改制者，故条索极粗大松散，色泽乌黑枯涩，泡水淡薄，呈暗金黄色，滋味粗劣而微鲜，颇似坦洋工夫，惟品质略逊，香气低微，叶底青花枯暗，老嫩粗细不匀，入口略带青涩味。

4. 政和工夫　条索紧结，与坦洋工夫相若，叶肉极厚，茶身整重，形状整齐，深灰黑色，光泽油润，有白毫，泡水浓厚，呈浓金黄色，滋味甜活而醇厚，入口活泼而有毫味，爽快之极，为闽省工夫中水味之最佳者，叶肉颇厚，叶底光滑，呈旧铜钱色，香气馥郁浓厚。

5. **邵武工夫** 原料多桐木关茶叶，叶肉宽厚，条索粗大，有如小种，茶身整结厚重，色泽乌黑，油润有光，泡水浓厚鲜艳，呈深金黄色，滋味醇厚甜和，入口清快，香气纯正馥郁，有似正山小种，品质不减政和工夫，叶底光滑细嫩，泛旧铜钱色，亦为闽红中之上品。

6. **崇安工夫** 崇安为小种茶区，工夫茶极少。欧战以后，小种销路阻滞，茶号乃相率改制工夫，数量亦不甚多，条[27]极粗碎，而泡水浓厚，滋味甜和，香气亦佳。抗战以后，福建示范茶厂自采嫩叶制造，条索紧结整齐，较坦洋工夫而上之，香气滋味，可与政和工夫媲美。叶底鲜嫩，有如白琳工夫，惜试制太少，外间人士，尚多未曾见到也。

7. **沙县工夫** 条索细碎，不甚整齐，色泽灰黑，泡水浓厚，枯褐[28]暗黑，滋味淡薄，火候极高，带有焦气，极似锅巴香味，为其特征，叶底黑暗细嫩，泛旧铜钱色。

寅　橘红

条索紧结整齐，多白毫，色灰黑有光，与白琳工夫略同，泡水浓厚，晶亮鲜红，俨如新采大熟红橘，味浓厚甜和，香气馥郁醇正，为闽红中新得之佳品。

卯 红标茶

红标茶系用大白茶茶青，仿祁门红茶制法制之，条索紧结，色泽灰黑，油润有光，形状整齐美观，泡水鲜艳浓厚，碧洁晶亮，有如橘红泡水，叶底细嫩，泛鲜红色，滋味甜和，香气醇厚，亦闽红中新出之佳品。

乙 绿茶

子 莲心

1. **福鼎莲心** 多在清明前采摘，极为细嫩，条索细结，非常整齐，形态可与白琳工夫媲美，色黄绿，火候甚高，香气芬芳清冽，泡水明净，呈轻淡杏绿色，极为可爱，叶底清碧，光滑细嫩，入口清快爽适，畅人心脾，为闽绿中之上品。

2. **赤石莲心** 形状不若福鼎莲心之细小整齐美观，条索弯曲紧结，长约一寸，极为细嫩，大半为明前及雨前茶叶，色暗绿，香气清冽幽远，泡水明净，呈淡杏绿色或橙黄色，味清快鲜活，咽后口有余香，叶底细嫩光滑，而微有霉青，入口强烈清香，扑鼻而出，为莲心中水味之最佳者。

3. **建瓯、水吉莲心** 亦多为明前雨前之细嫩芽茶，条索紧结，形状整齐，可与赤石莲心媲美，色黑绿，品质之佳者，亦清冽芳香，惟不及赤石莲心之幽远耳。泡水明净，呈橙黄色，味清快适口，而不若赤石莲心之鲜活，叶底老嫩参半，少有花青，亦清澈光滑。

4. 政和莲心　茶身较为轻薄，形状参差不齐，品质优良不一，条索细结者有之，粗松者有之，老叶有之，嫩芽有之，为莲心中品质之最下者，价格亦最廉。农商为求美观起见，每将品质粗劣之白毛猴混入其中，冒充白毫，颜[29] 色灰黑，泡水亦明净，呈橙黄色，味淡薄，微有清香，惟尚鲜活可口，叶底老嫩不一，老者粗黄，嫩者光滑，亦少有花青。

丑　淮山

淮山为混合打堆之眉茶，故形状不若屯绿、婺绿之整齐美观，条索紧结，惟粗细大小不匀，大致与政和工夫相若，火候极佳，可耐久存。颜色灰绿，泡水明净，呈橙黄色，滋味淡薄，香气清芬，叶底清澈湛绿，入口微感苦涩，瞬即转甘，其毛茶原料，为闽东各县之炒绿、清水绿，兹细述如次。

1. 罗源绿毛茶　条索嫩长而紧结，色泽绿润黄蜜[30]，泡水明净，呈淡杏绿色，可历数小时而不变，香味清远，为闽东绿茶中之上品。

2. 宁德绿毛茶　品质与罗源茶略似。罗源之茶，味多芬芳，宁德之茶，微带土味，稍觉不及，惟水色较佳，条子圆润美观，以天山所产者为上，九仙山次之，高山再次之。

3. 福安绿毛茶　多为清水绿，其品质稍逊于宁德茶，但穆阳所制者，条子幼小紧结，色泽浓黑，亦先与宁德茶相坿也。

4. 霞浦绿毛茶　色泽浓灰，比福安茶泡水鲜明，惟茶片稍薄[31]，霞浦属盐田所产绿茶，名为府绿，多带烟薰气味，此乃粗制时不讲究燃料所致，而府绿泡出之水，明净清碧，徒以气味关系，使品质减低。

5. 福鼎绿毛茶　质甚幼小，水色浅淡，颇具美观。

6. 屏南绿毛茶　屏南前以产制红茶不佳，致影响销路，近多改制绿茶。该区山岭高峻，树木郁葱，所产茶质，颇有岩茶风味，条索虽稍粗，而以味胜也。

7. 连江绿毛茶　连江所产绿茶①，以梅洋地方为著，茶片量不甚粗，但水色稍薄，味亦较差，不能臻上乘。

8. 闽侯绿毛茶　闽侯茶区以东北岭各乡为著，茶之品质与连江所产者无甚轩轾，惟水色较清耳。

9. 古田绿毛茶　水色过薄，香味亦差，条子粗松而不紧凑，为闽绿中之下品。

寅　白毛猴

1. 福鼎白毛猴　芽叶肥壮，条索短芽整齐，品质极嫩，大部分为白毫嫩芽，故色灰白淡绿，有似银针白毫，形状极美观。泡水明净晶亮，呈淡杏绿色，雅玩之至，味清淡甜和，毫味极重，微有清香，叶底清澈，为闽绿中之

---

① 清黄锡蕃《闽杂纪》："莲洋芽茶，产连江，似龙井，而性不柔，色淡而味亦涩。"

另一佳品。

2. 政和白毛猴　条索紧结细长，有如赤石莲心，色灰绿而少杂黑条，形状不若福鼎白毛猴之整齐美观，但香[32]气清冽幽远，泡水亦清碧可爱，惟不及福鼎白毛猴之明亮。味清快甜和，夏日饮之，醒人心脾，入口爽适，清香扑鼻而出，叶底清澈。老嫩参半，倘政、鼎两区所产相较，福鼎白毛猴以形状胜，政和白毛猴则以水味优，各有特长也。

卯　龙须

龙须仅崇安有之，品质极粗老。俟新芽伸展至四五寸，长至三四寸时，然后摘下，经短时间之萎凋，釜炒揉捻后，凉至五成干，以红绿丝线束缚成把，烘焙而成。茶工将揉捻摊凉之叶，趁其叶汁未干，以手一根一根理直之，茶梗碎叶，则揉成长约寸许大似拇指之椭圆形，然后以理直之茶叶，覆于表面，务使茶梗碎叶，包裹于内，不致露出。两端以丝线缚之，缚紧后，梗之一端，并用剪刀剪齐，状如清醒墨汁之毛笔坚立，长约二寸八分，圆周约二寸五分，干茶重量每把约十克。缚好之后，再两把并合，中间紧以丝线，倘单把之丝线为绿色，双把并缚时，则用红色，单把之丝线为红色，则双把用绿色，红绿相间，状极美观。其茶色泽黄绿，泡水清澈明净，呈橙黄色，滋味淡薄，香气低微，且带青草味，入口毫无快意，叶底粗老，梗叶相间，适于赏鉴，而不适于饮用。

辰　石亭绿

石亭绿为炒青绿茶之一种，产于南安之不老亭，行销闽南及南洋各地。条索细结，泡水清澈明净，呈橙黄色，香气清远，滋味清快适口，叶底细嫩湛[33]绿，为闽南绿茶品质之最佳者。

丙　花薰茶

1. **花龙井**　龙井亦名旗枪，原产杭州西湖，为绿茶中之上品，以后各地纷纷仿制，称之为仿龙井，惟品质不及杭产之佳耳。真正西湖龙井，形状扁平，非常整齐，色泽青翠，鲜艳有光，泡水清碧，呈清淡杏绿色，味清快适口，香沁清醒人，饮之颊齿流芳，畅人心脾。叶底细嫩，浸入水中，一枪[34]一旗，参错其间，湛绿可爱，既宜赏鉴，后宜饮用，运闽窨花数量极少。所用香花，以茉莉为主，以名茶之品质，取名花之芳香，清芬馥郁，相得而彰，诚花香茶中之上上品。

2. **花大方**　大方为皖省黄山绿茶，运闽窨花者，形状扁平，有似龙井，惟较宽长耳。色泽有黄褐、灰褐、青褐等色，品质以灰褐为佳，色泽鲜艳光滑，泡水清澈明净，呈轻淡杏绿色，叶底鲜艳湛绿，滋味清快爽口，有栗[35]子香味，品质远胜闽中绿茶。窨制所用香花，以茉莉为主，名茶名花，香气芬芳馥郁，独具特色，宜于赏鉴，亦当于饮用，为花茶中之上品。

3. **花毛峰** 毛峰亦安徽黄山所产，运闽窨花者，形状细扁紧结卷曲，多幼芽，芽尖为灰褐色，叶为青灰或微黄，色泽油润有光，泡水清碧，明净晶亮，味极幽香爽适，入口清快喜悦，叶底细嫩湛绿，品质可与大方媲美，为闽中绿茶所不及。所用香花，亦以茉莉为主，馥郁芬芳，清悦幽远。

4. **花芽茶** 为明前或雨前所采细嫩芽茶，或福鼎之莲心茶，精制窨花者。品质亦佳，条索细结，色泽黄绿，或灰绿，泡水明净，呈淡杏绿，香气幽远，滋味清快。所用香花，亦以茉莉为主，如窨制茶叶为罗源产者，清芳馥郁，堪臻上乘，较徽茶并无逊色。

5. **香片** 香片为普通花香茶之总称，闽东各县所产绿茶，品质佳者，多用以窨花，品质次者，用以制淮山，其窨制成之茶叶，可通称为香片。品质高低，视毛茶来源，与所用茶花为断，如罗源、宁德首春茶，窨以茉莉之伏花，不特泡水清碧明净，叶底细嫩湛绿，抑且气味馥郁清芬，怡悦适口。如连江、闽侯、古田各区所产绿茶，再窨珠兰、玉兰，泡水虽清碧，香味则浓浊苦涩，而少清芬。用水栀者，香清芬而短暂。有以珠兰、玉兰为底，茉莉为盖者（先窨兰花，后窨茉莉），取各兰花之浓郁，茉莉之清芬，增其特质也。格论之，香片有上中下三等。其上者，条结、水碧、香清、味爽；中等者，条索粗、水橙黄、香清芬、味较薄，且微现苦涩；其下者，条粗松、水混浊、香浓浊不清、味粗劣。

6. 三角片 为绿毛茶精制时，扇簸出之黄片，重加筛分，拣去茶梗杂物，筛去粉末之茶片，谓之三角片。泡水明净橙黄，香气低微，滋味淡薄。所用香花，以玉兰、水栀为主，为花香茶之下品，品质最劣，价亦最廉。

7. 花包种 包种为闽南乌龙茶中之一种商标茶，用纸包成方包，每包重二两或四两。大约中下等之乌龙茶，色香味较逊，难取高价者，则借花香以加厚其品质。其茶叶原料，各类乌龙茶均有，各茶号有其特定拼制之方法与特定之商标，品质不能尽同。所用香花，以木樨、珠兰、水栀为主。木樨为上，香气幽远，泡水亦明净晶亮，珠兰味略浊，水栀香清而时暂。青茶与绿茶薰花相较，青茶味更郁馥浓厚，使人怡悦。

丁　青茶

子　闽北青茶

1. 武夷岩茶 以山川精英秀气所钟，为闽茶中之上品。品具岩骨花香之胜，制法介乎红茶、绿茶之间，必求所谓"绿叶红镶边"者，方称上乘。无绿茶之苦涩，有红茶之浓艳，性和不寒，久藏不坏，香久益清，味久益醇，味甘泽而气馥郁。初饮之，觉馥郁清芬，浓香悦口，较普通茶叶，诚胜过一筹。饮之既久，则其他茶叶，均淡然无味，无法入口矣。斯武夷不独以山水之奇而奇，更以产茶之奇而奇，名山名茶，相得益彰，以故一山一水之胜，莫不有葬茗繁殖其间，务全岩以茶名，茶以岩名也。

其茶有岩茶、洲茶之分，岩茶条索粗大，色泽青翠，油润有光，当地茶农，谓为宝色。味极黏厚，气极馥郁，醒人心脾。洲茶条索紧细，色泽干枯，味较淡薄。岩茶又有大岩、小岩之别，大岩茶叶，泡水鲜浓，香气醇而幽远，愈闻愈香。小岩茶叶香浓郁而气短暂，初闻之馥郁芬芳，再闻则逊色矣[36]。至于岩茶名色，历代均有变迁，宋苏子瞻诗名"粟粒"，后诗人亦多引用之，元高兴制"石乳"入献，则又以"石乳"名，御茶园设置制"龙团"，明洪武间不制龙团，而分茶名为四：曰"探春""先春""次春""紫笋"，徐𤊟《茶考》又有"灵[37]芽""仙萼"之名，清《山志·物产·茶》载分为"岩茶""洲茶"，又有"小种""花香""清香""工夫""松萝"诸名，现今岩茶名色，除由菜茶制成者分：提樅、单樅、名种、奇种、焙茶等五种外，其余概各依品种原名，计有：水仙、乌龙、桃仁、奇兰、梅占、雪梨、铁观音、黄龙、肉桂等八种，惟桃仁、奇兰、梅占、雪梨、铁观音、黄龙、肉桂等数量无多，外间不易见到，兹将水仙、乌龙、奇种述之如此。

A. 水仙　条索粗大，为岩茶之冠，色泽青翠黄绿，油润有光，泡水鲜艳，呈深金黄色，滋味浓厚醇正，入口爽适，香郁生津，清芬之味，精神为之一振，香气馥郁芬芳，能使人陶醉，叶底明净，清澈开张，浸入水中，红绿相间，俨如翡翠，鲜艳欲绝。

B. 乌龙　条索粗大，仅及水仙之半，泡水清澈明净，呈金黄色，晶亮有光，味极清快爽适，有乌龙之特殊香气，极隽永[38] 幽远，醒人心脾，入口清芬馥郁之味，冲鼻而出，心神为之一畅。叶底三分红边七分绿，光滑开张，艳丽爱人。如水仙、乌龙两种比较而言，水仙以水味胜，乌龙以香味优，各有特色。普通制茶习惯，多将细嫩水仙揽入乌龙，增加水味，粗大乌龙，打进水仙，提高香气，两茶互相为用。

C. 奇种　为菜茶制成之茶，数量最多，其最上品者，谓为提樅名种[39]、单樅奇种，价值最贵；品质较次者，称之为名种，价值较廉；奇种承上起下，居于其中，可征代表。条索粗胜乌龙，细过水仙，叶底色泽，大约与水仙、乌龙相伯仲。泡水亦清澈明净，晶亮有光，其香味之佳者，殊非言语文字得以形容，非特其气之醇厚，香之隽永，抑其滋味浓郁，颊齿流芳，大有唐顾况《茶赋》所云"滋饭蔬之精素，攻肉食之膻腻，发当暑[40] 者之清吟，涤通宵之昏寐[41]，杏树桃花之深洞，竹林草堂之古寺，乘槎海上来，飞锡云中至"之美，若天心、慧苑等岩之提樅、单樅，用流香涧之泉水，则更成绝品。

2. 崇安水仙　乃指武夷山外山茶而言，品质虽不及岩茶，然而不失为闽北青茶中之佳品。色泽黄绿乌黑，滋润有光，泡水浓厚，滋味纯正爽适，香亦清芬。

3. **建瓯水仙**　条索粗松，略胜崇安水仙，泡水鲜艳浓厚，呈金黄色，滋味清快醇厚，馥郁芬芳，叶底粗老绉束，不甚开张，绿叶红镶边极少。

4. **水吉水仙**　条索紧结，形状较建瓯水仙整齐，颜色灰黑黄绿，泡水明净淡薄，滋味清淡纯正，入口清快爽适，香气纯低微，叶底清澈细嫩，呈黄绿色。

5. **建瓯乌龙**[42]　条索略粗松而微扁，色泽灰黑，泡水晶洁，呈金黄色，其乌龙之特性香，极清高隽永，入口爽适清快，幽远清芬之气，冲鼻而出，亦不失为青茶中之佳品。

6. **水吉乌龙**　为普通菜茶所制，品质与莲心无殊，乌龙价格高，则作乌龙，莲心销路畅，则充莲心。

丑　安溪青茶

闽南青茶，以安溪为中心，计有铁观音、奇兰、梅占、桃仁、水仙、乌龙、香橼等十余种，就中品质以铁观音为最，条索、香气、滋味、水色、叶底，均堪与岩茶媲美。其与闽北青茶之异点，厥为形状之不同。闽北青茶，粗松长大，形成弯曲，状似浓眉。闽南青茶，粗松屈曲，状如螺旋，形似钉头。兹将各茶特征略述如次。

1. **铁观音**　叶肉厚，茶身重，冲水次数多，色泽青翠黑绿，乌润有光，多成螺旋形，香清高幽远，沁心醒人，味适口，助人清思，为其特征。泡水清澈明净，晶亮有光，呈金黄色，叶底青翠细嫩，入口微苦，瞬即转甘，生泽韵喉[43]，颊齿流芳，馥郁香味，轻淡飘渺，一切令人忘怀。

2. 乌龙　形状与铁观音相仿，惟茶身略轻，水色重，入口轻微飘渺，似有似无，香清高而隽永。

3. 水仙　条索较闽北水仙略细，气馥郁而有线香味，泡水浓厚，冲水可四五次，助消化之力甚大。

4. 桃仁　泡水浅黄金色，气味带桃仁香。另有一种曰黑桃仁，性状完全与桃仁相同，而叶色深绿，与桃仁相异。毛茶收藏三年后，取水二钱，姜片一钱，和煮饮之，可治吐泻热症，效用极大。

5. 奇兰　条索略较铁观音粗，叶底、色泽大致相似，惟叶稍长略薄而已。茶带油腥味，香浓次于铁观音，水色清，入口重，亦为安溪青茶之佳品。

6. 梅占　香气次于奇兰，味浓厚而略浊，不似铁观音、奇兰等之清芬，入口重，水色浊，冲水可四五次，亦为安溪有名品种，产茶在安溪可占第三位。

7. 苦茶　精茶黑赤色，无油光，茶质苦，为其特点，水色淡黄。茶青采后，即以日晒，不必筛制，翌早茶色略失，即可制炒为毛茶，经三年即可治热病。三年后，水色变红，苦味亦退，治病之效尤大。

8. 香橼　是茶香气颇高，而带焦酸气味，入口重，水色浓，冲水可四五次，助消化之力特强。叶大是其特征，有大叶、小叶之分。大叶又有红芽、白芽之别。红芽者春芽带红赤色，质高，味香；白芽者春芽带白色，质味次。小叶者，幼芽概为白色，茶味与大叶同，惟质次于红芽者。

9. **白毛猴**　茶无香味，助消化之力最强，可以制药，为其特征。

10. **黄棪（黄金桂）**　茶味有香，水色鲜丽，台湾用以参加赛会者，闻皆取用之。

11. **大葱**　香气低微，水色浅薄，入口味淡，冲泡可三四次，为安溪青茶之下品。

戊^[44]　白茶

子　白毫^①

1. **福鼎白毫**　茶芽肥壮，绒毛极厚，亮光闪闪，色白如银，状极美观，泡水碧洁晶亮，呈浅杏绿色，爱人之至。味清鲜爽口，甜和有似蜂糖味，香清芬微淡，助人清思。用高大玻璃杯，泡上等白毫，茶芽伸展杯中，光耀悦目，有若银鱼之在水晶宫，既宜饮用，复宜赏鉴，洵闽茶中之精品。

2. **政和白毫**　茶芽长瘦，绒毛略薄，两端微有焦枯，无福鼎白毫之光耀悦目，泡水明净碧洁，呈淡杏绿色，而

---

① 游通儒《介绍福建的特种茶叶——白毫》（《闽茶季刊》，1941年第1卷第2期）将白毫分为银针白毫、白毛猴、橘红。

叶底较粗老，不能如福鼎白毫之肥胖匀称，味清鲜适口甜和，香亦清芬，入口清快醒人。如福鼎白毫与政和白毫相较，则福鼎以形状胜，政和以水味佳，各具特色。

丑　白牡丹

1. **政和白牡丹**　为大白茶粗老不及制白毫，伸展至一芽一叶，或一芽二叶，始采下凉晒烘焙而成。茶身干薄，不成条索，状若枯萎花瓣，色泽灰绿，毫光闪闪，亦颇美观，泡水清澈明净，呈轻淡木绿，味清淡甜和，香滑芬轻微，叶底芽叶参半，芽灰白色，叶黄绿色，入口毫味极重，火候欠佳，不能久放。

2. **水吉白牡丹**　为菜茶嫩叶制成，茶芽长瘦，毛毫不多，色灰白黄绿，火工较佳，香气清远，滋味清快爽口，泡水清澈明净，呈淡杏绿，入口清淡而有余香。如与政和白牡丹相较，则政和白牡丹多白毫，形状优，水吉白牡丹火候佳，香味胜。

寅　寿眉

寿眉亦政和、水吉两区有之，形状品质与白牡丹相若，惟略粗耳。

参考书①：

1. 庄晚芳：东南茶树品种初步调查

2. 庄灿[45]彰：安溪茶业调查

3. 福建统计处编：福建之茶

4. 闽茶书刊

5. 万川通讯

6. 一年来示范茶厂

（载《茶叶研究》，1944 年第 2 卷第 4～6 期）

【校勘记】

[1] 亨，原作"享"。郑永亨，曾于《闽茶季刊》（1940 年创刊号）发表《闽茶杂录》等文章。

[2] 棪，原作"淡"，径改。下同。

[3] 苑，原作"花"，径改。

[4] 金，原作"全"，据唐永基、魏德端《福建之茶》"生产概况"章改。

[5] 橡，原作"橼"，据庄灿彰《安溪茶业调查》改。下同。

[6] 先，原作"光"，据文理改。

[7] 金，原作"全"，据庄晚芳《东南茶树品种初步调查》改。

---

① 底本"参考书"后有书讯一则："本所丛刊第三号：武夷岩茶，廖存仁遗著。"

[8] 黄腾氏，庄灿彰《安溪茶业调查》作"王腾云氏"。

[9] 表中，"山茶"后"闽东各县"，原作"闽北各县"；"种旧"后"闽南各县"，原作"闽北各县"；"萧椅种"，原作"萧奇种"，据上下文改。

[10] 坳，原作"抝"，径改。下同。

[11]《闽小纪》原文作"绿雪芽，太姥山茶名"。

[12] 闽产录异，原作"闽产茶录"，径改。

[13] 停，原作"亭"，据上下文改。

[14] 柚，原作"抽"，径改。

[15] 节气，原作"气节"，据文理乙。

[16] 犀，亦作"樨"。

[17] 仰，原作"印"，据文理改。

[18] 淙，原作"琮"，据文理改。

[19] 沿，原作"沼"，据清董天工《武夷山志》改。

[20] 名，原作"茗"，据文理改。

[21] 醇，原作"醅"，据廖存仁《武夷岩茶》改。

[22] 钩，原作"钓"，据廖存仁《武夷岩茶》改。

[23] 诏，原作"韶"，据文理改。

[24] 岕，原阙，引文出自明冯可宾《岕茶笺》，据补。

[25] 裁，原作"栽"，据冯可宾《岕茶笺》文改。

[26] 表中，白琳工夫，原作"白珠工夫"；石亭绿，原作"石婷绿"，径改。

[27] 条，为"条索"之省。

[28] 褐，原作"渴"，据文理改。

[29] "颜"下，原有一"水"字，据文理删。

[30] 绿润黄蜜，原作"润黄密"，据唐永基、魏德端《福建之茶》"生产概况"章改。

[31] 薄，原作"导"，据唐永基、魏德端《福建之茶》"生产概况"章改。

[32] 香，原作"索"，据文理改。

[33] 湛，原作"甚"，据文理改。

[34] 枪，原作"抢"，据文理改。

[35] 栗，原作"粟"，据文理改。

[36] 色矣，原作"矣色"，据文理乙。

[37] 灵，原作"露"，据明徐𤊹《茶考》文改。

[38] 隽永，原作"永隽"，径乙。下同。

[39] "种"下，原有"价值较廉"一句，据文理删。

[40] 暑，原作"日"，据唐顾况《茶赋》文改。

[41] 寐，原作"寝"，据顾况《茶赋》文改。

[42] "龙"下，原有一"井"字，径删。

[43] 生泽韵喉，疑为"生津喉韵"。

[44] 戊，原作"五"，据上下文排序改。

[45] 灿，原作"焕"，径改。

附录

崇安之茶业[①]

一般事项

位置及面积

崇安县在福建之北部，武彝山脉之阳。北纬二七度零四十五分，东经一一八度零一分。东西北三乡均为崇山峻岭所包围。平原地势已高在五百公尺海拔以上。桐木关一带，如三港高可在三千二百市尺，上挂垱顶高可在五千市尺。县界东邻浦城，西连邵武，南与建阳接壤，西北与江西之光泽、铅山、上饶交界。全县面积计四五二五四八六市亩。

---

①《崇安之茶业》：出自张天福《一年来的福建示范茶厂》，1941 年。本文另有单行抽印本（1941 年），所用底本上有红色、蓝色、黑色等订正文字与符号。

廖存仁 茶学存稿

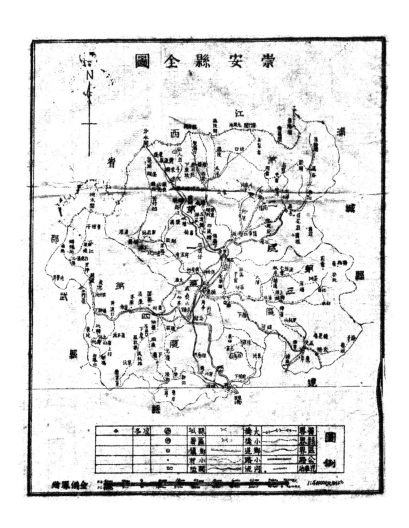

气　候

崇安气候年来仅有雨量之记载。测候所成立于廿九年十一月。下列温度乃邻县浦城之记录，大致相差仅摄氏半度左右。平均温度摄氏一七点九（浦城廿六年至廿九年，四年平均数）。

平均相对湿度[1] 百分之八〇点一（崇安廿九年十一月至三十年四月，六个月平均数）。

年雨量一九四一点二公厘（崇安廿六年至廿九年，四年平均数）。

土　壤①

根据汪缉文先生《崇安县西南乡茶区土壤观察实录》将崇安西南乡茶土类、系、组分别如次：

土类	土系	土组
冲积土	崇溪系	砂土
		植质砂土
红壤	赤石系	壤黏土
	下梅系	壤土
	星村系	砂质壤土
		壤土

---

① 可参看王泽农《武夷茶岩土壤》，朱达泉、沈梓培《福建建瓯建阳邵武崇安区之土壤》等。

土类	土系	土组
棕壤	企山系	砂砾土
黄壤	青狮系	砂质壤土
		壤土
	黄溪系	砂土
		壤砂土
灰化黄壤	桐木系	壤土
		植质壤土
		砂壤土

交　通

陆　路

由县城经赤石至建阳，计六十公里。

由县城经分[2]水关至铅山，计七九点八二公里。

由县城经吴屯至浦城，计一七〇华里。

由县城经星村至桐木关，计一五〇华里，此路通江西铅山之车盘，计七〇华里。

由星村经曹墩竹坑至建阳黄坑，计八〇华里。

由星村经黎源至建阳之麻沙，计八〇华里。

由星村至挂墕，计一百华里，此路通江西光泽之夫人庙，计三十五华里。

由县城经五夫至建阳后畲，计九五华里，至水吉之黄西溪，计一一〇华里，至浦城之和村，计一四五华里。

水 路

由县城经公馆至建阳，计一二〇华里，可以通民船，载重四千市斤至五千市斤。

由星村经九曲至公馆，计十五华里，水大时可通民船，载重四千市斤至五千市斤，平时仅可通竹筏。

由黄柏之祖师岭至公馆，可通竹筏，计三十华里。

由上梅经下梅至赤石，计三十华里，可通竹筏。

物 产

崇安以茶为重要物产，固不待言。稻作所产亦丰，年产谷约九十万担，除供本县人口消费外，尚有廿余万担之余谷输出。其他如纸、杉木、笋干等，亦占重要地位。每年产白纸九千余担，杉木二万余株，笋干二千余担。特用作物有烟叶、蓝靛、油桐、油茶、甘蔗、乌柏、芝麻等。果品有枇杷、梅、李、桃、杨梅、橄榄、枣、土梨等。杂粮有小麦、甘薯、马铃薯、玉蜀黍、高粱、大豆、乌豆、扁豆、绿豆、落花生等。蔬菜有芥菜、白菜、莱菔、菠菱、苋、瓮菜、芹、甘蓝、茄、葱、蒜、韭、薤、芸苔、姜、蕨、芋、莴苣、菰等。瓜类有冬瓜、南瓜、西瓜、丝瓜、苦瓜、黄瓜、枕瓜、土瓜、瓠等。药类有独活、木贼、钩藤、车前、厚朴、香薷、干葛、夏枯、瓜蒌、牛蒡子、苦参、雪里开、血籐、五倍子、香附、小木通、扁蓄、荆芥、昌蒲、牡荆子、天冬、猴姜、乌梅、土茯苓、茵陈、益母草、金银花、景天、赤葛籐、榧子等。

人口及行政区

全县人口有八八八八八六人，内男五〇九二五人，女三七九六一人。县属共分四区，县政府设县之中央，第一区署设于赤石，第二区署设于吴屯，第三区署设于五夫，第四区署设于星村。全县共分十一乡、五镇、一百三十六保。每保自八九甲至十五六甲不等，大小村落在一千二百左右。

教育及卫生

全县有县立初级茶业职业学校①一所，中心小学八所，初小一所，民校二十六所，中山民校二所，总共学生数为六六一四人，内成人一一八二人，妇女一〇二九人，儿童四四〇三人。每年教育及文化经费为八万四千余元。此外由福州迁来有私立三一中学一所，设高初中，男女兼收，学生数达四百余人。苏皖联立临时政治学院，亦设于本县之武夷宫，学生有二百余人。

县城设有卫生院一所，每月经费七五〇元，在赤石设分院一所，每月经费一〇〇元，对于医药设备，治疗，及卫生行政之设施，尚欠完备。

---

① 崇安县立初级茶业职业学校：1941 年，由张天福利用福建示范茶厂的设备和人才建立，张天福兼任校长。后随示范茶厂改办而停办。

社会及经济

崇安社会在经济上，以农业为主，商业次之。自耕农约占 15％，半耕农 50％，佃农 35％。农村经济命脉几全操之于地主之手，全县有四大地主，租多者达万余担。自民国二十年至廿三年四年间，地方不靖，人民泰半逃亡于外，田舍为墟，疮痍满目，不复昔日之"金崇安"矣。年来政府积极图兴，辟公路，设银行，放农贷，编查土地，整理田赋，移民垦荒，现地方已臻安定，生产逐渐增加，恢复昔日之繁荣，当不在远。至于地方税收，年可达四十余万元，支出如行政、建设、教育、卫生、保育、保安、财务等经费约三十余万元。

茶业概况

历　史

崇安茶叶，以武夷岩茶并星村小种著称，其栽制之历史，考诸文献当以武夷山之茶叶为代表。自唐代以来，武夷茶已为历朝名士所赏识，唐徐夤，宋范仲淹、苏东坡，元刘说道、杜本、林锡翁，明苏伯厚、邱云霄[3]，清周工亮、彭定求、沈涵、陆廷灿、饶泽殷诸名人，曾作咏武夷茶各诗歌，仲淹咏茶歌中有"年年春自东南来，建溪先[4]暖冰微开。溪边奇茗冠天下，武夷仙人从古栽"之句。宋时武夷茶与建安（即今之建瓯）之北苑茶均著盛名，后宋时有御茶园，并设官焙制贡茶。及至元代，北苑废为吉苑里，而武夷遂独兴。《武夷山志》有："宋咸平中，丁谓为福建漕，监造御茶进龙凤团。庆历中，蔡端[5] 明为漕，始贡小龙团七十饼。其时多在建州北苑，武夷贡额尚少。元初于第四曲御茶园建造堂宇，贡额止二十斤，大德间至二百五十斤，龙团五千饼。明初罢团饼，额贡九百九十斤，凡四品。"是时因制贡茶骚扰民间甚，文人咏诗亦多愤慨其辞，宋苏子瞻咏茶有："君不见武夷[6] 溪边粟粒芽，前丁后蔡相笼加。争新买宠各出意，今年斗品充官茶，吾君所乏岂此物？致养口腹何陋耶！"至明嘉靖时，方废官焙，《山志》有"洪武二十四年，诏天下产茶之地，岁有定额，以建宁为上，听茶户采进，勿预有司。茶名有四：'探春''先春''次春''紫笋'，不得碾揉为'大小龙团'，然而祀典贡额犹如故也。嘉靖三十六年，建宁太守钱嶪因本山茶枯，令以岁编茶夫银二百两赍府，造办解京，御茶改贡延平，自此遂罢茶场，园寻废。"

武夷茶以得天独厚，品质优越，除入贡外，在明代已畅销国内，据《茶考》"环九曲之内不下[7] 数百家，皆以种茶为业，岁所产数十万斤，水浮陆转，鬻之四方，而武夷之名甲于海内矣"。至前清康熙以后，崇安茶叶已有对外输出之记载矣。

产地及产额

崇安产茶地之分布，依其地理及产制情形，可分为东路、西路、南路、小南路、北路等五路。中以南路产岩茶之武夷山，及小南路产小种红茶之桐木关为最主要之产茶地。他如东西北三路，昔年茶业盛时，尚占次要地位，今则已成为过去。武夷山并桐木关一带，因有其重要性，特将其地势土质等述之如下。

武夷山在崇安县南二十余里，为仙霞岭山脉，周围凡百二十里，拥有名峰三十六，奇岩九十九，峰峦岩壑，秀拔奇伟，高低俯仰，吞吐云雾。山有水曰九曲，盘绕山中，约二十余里，溪水湛绿，映以悬崖绝壁，曲曲自成异境。名茶即产于峰峦岩壑之间，流涧深坑之畔，一山一水之奇，莫不有茶欉栽植其间，诚不愧"山川精英秀气所钟，品具岩骨花香之胜"。山中茶岩之最著者，有竹窠、天心、天井、慧苑、霞宾、幔陀、磊石、景云等八大岩。武夷山之土壤，据汪缉文先生之调查，划为青狮系：

母岩为火山砾岩，间夹有红砂岩，及页岩，属白垩纪武夷层中部。地形岩头起伏，突屼绵亘，奇形怪状，岩层向西北倾斜，高度在七百公尺海拔，倾斜角约十五至二十度。该区西部受花岗岩侵入掀起，倾斜复转向东南。本系土壤分布于倾斜面或山凹坡地，冲刷作用一般均小，土壤为砖红化作用发育，因山区内湿度既高，土壤之持水率又大，土壤中铁铝氧化物脱水不烈，故属黄壤。未垦地，野生覆蔽植物浓密，表土略受灰化作用，土壤深度一般在三尺以外，剖面情形，表层多为灰色或灰黄色，砂质壤土，亦有属壤土者。粒团构造疏松，富于砂粒，酸度在五至六间，层厚二寸至八寸。第二层为黄色黏壤土，或壤土，核状构造，蓄水率强，土块干时坚硬，酸度约在五点五左右，酸度强者，亦有在四左右者，层厚变化甚大，约在八寸至二尺五寸间。第三层为土壤母质，质地黏重，杂有半风化卵形砾及砂粒，土体虚隙，染有棕色及黄红色斑纹，酸度最高者可在四以下。

本系土壤，垦成茶园者殊少，据称此种黄壤，不宜栽茶，其原因或系土性黏密，且蓄水率高，致茶树生育，难臻优良，品质因之减低。然就地势之较坦与广整，且冲蚀不甚，培肥较易，植物营养份含量必可较冲蚀激烈者为丰。故此种观念，不无传统的错误。然本系土壤之地置，一般相距突屼岩壁均在数十丈以外，似为不宜种植岩茶之主因。然名胜区内，地形复杂，土地零星，欲求发展茶园，惟有尽量利用本系土壤。所见本系土壤之茶园，大多不成阶形，盖坡度既不大而植者亦不重视，此种土壤所产之茶，不愿多所投资，故冲蚀不免。剖面性状，除原表土已不存在外，各层大致与未垦地相似，如表层为黄色，或苍黄色，砂质壤土，砂粒及石砾较多，故颇疏松。酸度增

高可至四左右，层厚可一尺至一尺八寸。第二层质地
紧密，棕黄色壤黏土，块状构造，酸度较表层骤低，
约在五左右。层厚不等，全剖面深度约二尺以外，其
在凹坡者，可深至四尺以外，在广灵岩、青狮岩、天
心岩、天游岩、蟠龙岩、磊石岩附近均可见之。

桐木关在崇安之西，为福建与江西铅山之交界处，所
谓"正山小种"者，即产于桐木关。自关头至皮坑纵横五
十余里之地带，据汪缉文先生之调查，桐木系土壤：

母岩有花岗斑岩、页岩、砂岩及凝灰岩错杂，地
势全为崇山峻岭，且湿度浓重，气温较低，土壤已充
分发育，属红壤。其分布地点，由高桥迤北经龙渡、
三港，越桐木关头至赣省铅山县属之草坪为止，均属
本系土壤。各山坡自然林木更为稠密，几无间隙。自龙
渡起，茶园较多，但多荒芜不治，茶丛殁于草丛中，不
可获见。闻每年茶季前，斩草采茶，二茶采后，草复滋
生，高与茶齐。所见茶树，矮小苍黄，毫无向荣之势，
乃以肥分被草掠夺，营养不足所致也。凡林木间断处之
茅草山坡，均系茶园，本系土壤，地势最高，每处云雾
笼罩之中，湿度高，而气温低，且以有机质残积甚丰，
土壤发育深受灰化作用，亦为本系土壤之特征，列为灰
化黄壤，茶园土壤之剖面情形，选述三则如次。

在三港岭顶，茶园坡度四十度左右，表层为灰棕
色壤土，粒团构造，杂有石砾、细粒石英，及长石粒

子，颇疏松，含高量腐植质，酸度约六左右，层厚约四寸。第二层为灰黄色壤土，为含腐植质甚高之洗出层，粒团构造，较之表层含砂较少，组织紧密，酸性则更微，层厚一尺八寸。第三层为黄棕色砂壤土，因灰化作用之进行，溶解渗透之铁有沉积现象，然本层仍含有相当量腐植质，小核状构造，组织疏松，酸性不显著，层厚一尺以外，全剖面深可三尺以外。

在庙湾溪西坡地茶园，坡度约四十五度，剖面情形，表层为暗黄色植质壤土，小块构造，颇黏密，触觉柔滑，酸度约六左右，层厚约一尺。第二层为黄色壤土，块状构造，略具砂性，组织紧密，蓄水率强，酸度约五点五至六之间，层厚一尺，再下层多石砾，未得深探，全剖面深度不详。

在桐木关头之茶园，多与杂粮间作，土地整理既勤，土壤培肥亦佳，且无野草滋生，茶树欣欣向荣，叶宽肉厚，虽处隆冬，翠绿欲滴，可称桐木关茶树之真面目。该处土壤，有机质含量更丰，灰化作用亦最深，所见剖面表层，为深黑色壤土，极多石砾，粒团构造颇疏松，酸度甚微，层厚四寸。第二层为灰苍黄色黏壤土，腐植质含量甚高，石砾更多，酸度约六左右，层厚四寸，下层石砾过多，未得深探，土层深仅一尺。

未垦地，多处密结丛林之下，故土壤表面覆有腐败有机物一层，厚可四寸。剖面情形，表层为灰黑色砂壤土，核状构造，颇松散，酸度约在六左右，层厚五寸。第二层为灰黄色砂壤土，小块状构造黏具黑色斑纹，酸度不显著，层厚八寸。第三层为黄色黏壤土，块状构造，染有棕色之铁质沉淀斑纹，含细小结核，组织黏密，酸度在六至五点五间，层厚一尺。第四层与第三层大致相似，惟极多石砾，层厚未探知，全剖面深度在三尺以外。

本系土壤，平均高在海拔一千二百公尺以上。居武夷山脉之主峰。终岁云雾笼罩，湿度浓重，土壤有机质丰富，理化性状俱称优良，可称植茶之理想的自然环境。惜以坡度过于峻急，四十度以下之坡地颇不可得，茶园开辟殊为困难，原有茶园耕作较甚者，冲蚀必甚，致茶树生育渐受危害。茶园如能整成阶段，且本系土壤质地尚称黏密，必可使冲蚀减至最少，奈实际情形，该处人口稀少，食粮供给困难，尤为茶园复兴困难之主因也。

崇安茶叶之对外输出，为时已久，惟始自何年，及输出数量，尚无精确记载。据云，百年前，有山西股商，携资来星村经营茶叶，运销国外，资本达千万两，颇极一时之盛。后因满清抽收厘金苛重，茶商裹足，市景衰落一时。迨各口通商后，运输便利，销路突飞猛进。自光绪中年至民国初年，全县茶叶输出，红茶有年达十万担，青茶（包括武夷岩茶千余担，余为普通青茶及莲心、龙须等）四万担之最高纪录者。即平时红茶亦达三万余担，青茶及莲心等二万余担之额，此为崇安茶业之全盛时期。至民国四年欧战爆发，红茶销路阻滞，红茶商亏本甚巨。民国六、七年间，崇安红茶商几告绝迹，欧战停止后销路虽渐告恢复，而损失殊大。至于青茶尚不受欧战影响，且因红茶之滞销，一般茶农多改制青茶。民十至民十九间，全县茶叶之输出，约达五万余市担，红茶约一万五千担，青茶一万八千余担，莲心一万六千担，龙须二百余担。红茶[8]乃集中于星村精制，计有茶号数十家，青茶乃集中赤石精制，茶号达百余家。民国二十年起，因地方不靖，茶商不敢冒险携款来崇采运，多迁往建阳、建瓯、邵武、河口、玉山、福州等处营业。红、青茶各约二千余担。崇安茶业，经此打击后，茶园荒芜，产量锐减，二十三年以后，地方虽告平定，惟茶叶销路因外茶竞争之剧烈，与夫农商之故步自封，不知改进，遂一落千丈，由数万担降至数千担。本年复以政府停止贷款，时局紧张，交通不便等关系，全县制额尚不及千担，衰落之甚，不胜今昔之感！

　　崇安本县茶叶之产量，照实地调查，即在昔日全盛时期，亦只有万余担之额。红毛茶多由江西及邻县之建阳、邵武、政和、松溪、浦城输入，青毛茶则由水吉、建阳各县输入。年来各省茶叶自行统制，江西之"假路茶"，已告绝迹，且以江西之山价较本省为高，崇安茶叶反有往外输出者。兹为明了起见，将崇安茶叶之产地，及近来之产额等列表如次：

路别	产地分布		产额（市担）	制茶种类	备考
	地名	所属区别			
东路	澄溪	第三区	一八〇	红茶居多，青茶亦有制造	此路茶除本区所产外，来自建阳之后畲、洞潭约九十担，水吉之黄西溪、大梨、小湖约一百二十担，浦城之和村、石坡约一百七十担，在昔盛时多集中下梅精制
	白水	同上	一五	同上	
	岭根	同上	一〇	同上	
	五夫	同上	七	同上	
	上梅	同上	五	同上	
西路	大安	第一区	五〇	红茶	此路茶由江西经分水关输入者约五六百担，俗称"假路茶"
	小浆	同上	四〇	前制青茶，近改制红茶	

廖存仁 茶学存稿

路别	产地分布		产额(市担)	制茶种类	备考
	地名	所属区别			
西路	黄连坑	同上	二〇	红茶	
	分水关	同上	二〇	同上	
	双溪口	同上	一〇〇	同上	
	武夷山	同上	四三二	岩茶	武夷岩茶为青茶中品质最优者，各岩名称及产量等详附表
南路	黄柏	同上	二五〇	青茶	
	赤石	同上	二五〇	龙须、红茶	包括附近之新阳、八角亭、马子山、通元等处
	公馆	同上	一五〇	青茶、龙须	包括公馆附近，如逃[9]洲、江源、黄土等处
小南路	星村	第四区	五〇	红茶	
	曹墩	同上	二〇〇	同上	包括竹坑、天子地、考坑等处

路别	产地分布		产额（市担）	制茶种类	备　考
	地名	所属区别			
小南路	黎源	同上	五〇	同上	此处之茶多产自江源，由建阳之五富洋、竹溪垄来者为数颇多
	程墩	同上	二〇〇	同上	包括黄竹坳一带
	新冯	同上	二〇〇	同上	
	皮坑	同上	五〇〇	同上	包括皮坑保之排楼山、铅铜坑、古黄坑[10]、皮坑、坳龙渡、九蓬等处
	桐木关	同上	五〇〇	同上	包括桐木保之上挂墩、下挂墩、二里厂、三港、江墩、庙湾等处
北路	吴屯	第二区	二〇	莲心、红茶	莲心多用为熏栀子花者，俗称花茶
	大洋	同上	五	同上	
	岚谷	同上	一五	同上	
	黎口	同上	一〇	同上	
合计产额			三二七九		

附　武夷山各茶岩概况表

岩别	所有者	籍贯	包头姓名	产量（市担）	备考
佛国	福建示范茶厂		陈茂可	五〇〇	
庆云			黄耀彬	三五〇	
竹窠	崇安县公产		陈书启	七〇〇	由崇安县政府永远租与示范茶厂
碧石			林垂清	七〇〇	
弥陀			廖贵生	八五〇	
清源			周接亮	九五〇	
幔云					茶厂已废，合并清源制茶
龙峰	杨文圃	厦门	郑钦福	七五〇	龙峰、桃花、桂林、宝兴、玉林、碧林等六岩由杨文圃茶庄典与示范茶厂
桂花			黄英益	六〇〇	
桂林			曾雪松	三〇〇	即鸡母林
宝兴					茶厂已废，合并桂林制茶
玉林碧林			黄耀彬	六〇〇	茶园多半荒芜，合并庆云制茶
广宁	协盛茶庄	潮州	苏贵生	八〇〇	
龙泉	黄道清	南安	蔡洪水	五五〇	
五曲	朱缉斋	崇安	胡祖泰	九〇〇	即文公祠

岩别	所有者	籍贯	包头姓名	产量（市担）	备考
品石	兴记茶庄	汕头	彭永盛	七五〇	
桃源	芳茂茶庄	安溪	洪良盛	五〇〇	
上霞宾	瑞苑茶庄		黄华有	五〇〇	
内珠帘			吴森志	八〇〇	
下珠帘	奇苑茶庄		陈茂可	五五〇	
上幔陀			黄天万	一二〇〇	
下幔陀			应中梅	一二〇〇	
岭脚			蔡芳泰	八〇〇	
龙珠			黄盛泰	九五〇	
宝国			陆福亭	九〇〇	
浆潭	芳茂茶庄		杨烈通	七五〇	
观音厂				四〇〇	
凤林			洪良盛	五五〇	
龙凤	泉馨茶庄		陈平淡	六五〇	即马鞍石
双凤	福美茶庄		黄宗生	五五〇	
慧苑西	集泉茶庄	惠安	陈诗协	一三〇〇	
磊珠西			陈书会	八〇〇	
刘官寨			陈书升	七五〇	
慧苑东	泉苑茶庄	晋江	杨惟冯	七〇〇	
青云			陈书乃	三五〇	即凉伞岩
香林				三〇〇	
磊珠东			徐水香	六五〇	即蟠珠岩
宝石西	陈怀桑	南安	陈茂可	五〇〇	现租与集泉茶庄

附录：崇安之茶业

135

廖存仁
茶学存稿

岩别	所有者	籍贯	包头姓名	产量（市担）	备考
宝石东	陈束带	南安	陈安区	三〇〇	
金狮	李国抟			一〇〇	
七鲁	刘德章	崇安	陈书升	二〇〇	
蜂窠	黄则沛	南安	黄政光	五〇〇	即三岩洲
兰谷	合顺号	惠安	陈安区	五五〇	
会仙					茶园多半荒芜，合并兰谷制茶
天井	合记茶庄	安溪	陈礼貌	一〇〇〇	即倒水坑
玉华洞	李文庆		王友山	四〇〇	
芦[11]岫	张源美		陈安区	四〇〇	
中厂					茶园多半荒芜，现合并芦岫制茶
景云	瑞兴茶庄	汕头	蔡福生	四〇〇	即香苑
外马头			郑金海	七〇〇	
内马头	潘玄递		周接亮	五〇〇	今年（民卅）租与示范茶厂
外天游	道庵		周接广	四〇〇	
内天游	祝赤姑[12]	崇安	祝赤姑	七〇〇	
天心	永乐禅寺		陈兴火	一三〇〇	
蟠龙金	锦祥茶庄	厦门		三五〇	
外三仰峰	彭火伍	崇安	黄华贯	八五〇	
内三仰峰	道院		林垂德	一〇五〇	
珠帘外厂	林小细	安溪	吴森月	一二〇〇	

岩别	所有者	籍贯	包头姓名	产量（市担）	备考
珠帘中厂	培岩茶庄	潮州	张辉彬	三〇〇	
瑞泉	瑶珍茶庄		黄天和	三五〇	
白云	兴记茶庄	汕头	陈书进	二〇〇	
宝珠	瑞记茶庄		李礼管[13]	七〇〇	即大坑口
磊石东	奇苑茶庄	安溪	廖明旺	一一〇〇	
磊石西	黄奇珍	南安			茶园大部荒芜，今年合并磊石东制茶
碧霄洞	刘岱云		黄华仁	六〇〇	
福龙	裴福娇	崇安	陈礼乐	七五〇	
青狮	吴端庄		陈垂端	二〇〇	租与芳茂茶庄
神通	道庵		郑金海		茶园多半荒芜，现合并外马头制茶
福井	吴序乙	南安	苏贵生	三〇〇	
鸡母敷	郑先龙		郑先龙	三〇〇	
蟠源	徐炳荣	崇安	徐炳荣	一二〇〇	
蟠同	赵富荣		赵富荣	九〇〇	
蟠龙中	卢元彬		李招文	四五〇	
内鼓子	瑞兴茶庄	汕头			近年荒芜
外鼓子	黄奇珍	南安			
雪峰	黄杏南				
止止庵	道庵				
大面	衷姓	崇安			近年荒芜

附录：崇安之茶业

廖存仁 茶学存稿

岩别	所有者	籍贯	包头姓名	产量（市担）	备考
土地	顾义源	永春			近年荒芜
莲台					多年荒芜
三星台					
燕子窠	丁福顺	崇安			
鹞子窠					
碧玉					
桂花	暨光玉	崇安			
接笋					
金井					
金花					
九曲					
詹家厂					
新厂					
虎社					又名虎啸岩，多年荒芜
延峰					多年荒芜
洋列					
石人岗					
斗米峰					
三花					
香晼					
吊灯笼					
共计				四三二〇〇	

138

附　武夷山图

武夷山略图

圖略山夷武之隊金編地王崇安疏本者筆

附录：崇安之茶业

种 类

一、依品种不同而分类

崇安茶树品种，照目前观察所及，计有七种：水仙、乌龙、桃仁、奇兰、铁观音、雪梨、菜茶是也。至于大红袍、不知春、半天妖等，为菜茶中，每单欉之别名，非品种名称也。

（一）水仙　树势高大，高达二公尺至三公尺，枝条疏展，新枝红褐色，老则呈灰白。叶大而厚，质脆，呈椭圆形，叶尖钝，叶面浓绿色，平展，有光泽，长五公分至十五公分，宽三公分至五公分，叶互生，距离稍远。花大，径约六公分，雄蕊数约自二百四十至二百八十，长一点五公分，雌蕊柱头三裂，长约一点七公分，花粉受精不易，鲜见结果。品种乃由水吉大湖传入崇安，时在前清道光之后。

（二）乌龙　武夷所产乌龙，有高矮二种，前者高达二公尺，后者仅约七十公分。树干挺硬，树形屈曲多姿，树皮银灰色。叶小较长，先端较尖锐，叶长三公分至五公分，宽一点五公分至二点一公分，叶面浓绿色。花小，径约二点五公分，花柄呈紫色。在制造时，香气特著。该品种闻于道光年间，由安溪传入建瓯，再由建瓯传入崇安。

（三）桃仁　树高约七十公分，叶小，较乌龙为圆，叶端钝，主脉之末端凹处特显。叶色较乌龙为淡，呈黄绿色，长三公分至七公分，宽一点五公分至二点二公分，叶面不甚平展，多向内合，锯齿较细而密，花径约四公分，有美好香味。树皮幼时红褐色，老则呈灰白色。

（四）奇兰　树高约一公尺，树形颇似乌龙，惟枝条细小且柔软，多向外散开，叶长椭圆形，前部较基部略阔，长约五公分至八点五公分，宽二公分至二点七公分，叶柄较长，叶面浓绿色，有光泽，叶脉似水仙，花小，径约二公分。

（五）铁观音　树高约一公尺余，树形披张，枝条较为肥大而直，呈灰褐色，或灰白色，有明显且微细纵裂痕，叶厚，椭圆形，长三点五公分至六公分，宽一点五公分至三点五公分，基部略钝，先部略锐，叶面平展，或两缘向外翻，呈浓绿色，有光泽，脉间叶肉隆长，锯齿齐整，略粗疏，花小，径二点五公分，花瓣亦较小而多，有九片至十片者。该品种闻系由安溪传入。

（六）雪梨　树高约一公尺，叶近圆形，叶片大小相差甚远，大者长五公分至一〇点五公分，宽四点二公分至六点二公分，小者长二点五公分至三点五公分，叶互生密集于枝梢处，叶面淡绿色，叶里黄绿色，侧脉明显，脉间叶肉隆起，叶面不平，皱如芸香科之柚叶状，树皮幼呈红褐色，老则变成灰褐色。此品种在武夷最少，年产仅十余斤。

（七）菜茶　武夷菜茶乃原有茶种，栽培历史最久，其数量约占各品种四分之三。普通树高一公尺至二公尺，

廖存仁

茶学存稿

枝直立，幼红褐色，老银灰色，叶椭圆形，普通长三公分至一〇公分，宽一点六公分至四公分，因系有性繁殖，故其中变种特多，有长似水仙叶者，有小似乌龙叶者，叶面浓绿色，锯齿疏且较锐，叶端尖，叶脉显明，叶肉略突起，叶脉常呈凹线状，开花期十月至十一月，花多，径约二点五公分，花瓣五至九片，以六片居多数，平均数为二二五本，柱头，先端二至四裂，普通为三裂，受精易，结果多，果实九、十月成熟。

二、依种植地点不同而分类

正岩茶——亦称大岩茶，指武夷山三条坑（慧苑坑、牛栏坑、大坑口）范围内所产者，如竹窠、慧苑、天井、苑香、霞宾、兰谷、天心、宝珠等岩。

中岩茶——指武夷山范围以内，而为三条坑以外所产者，如碧石、青狮、蟠龙、磊珠等岩。

洲茶——指平地茶园所产者，与山茶相对而言。

半岩茶——武夷山范围以外邻近地带所产之乌龙茶，与岩茶相对而言，半岩茶又有高山半岩与中山半岩之分，前者如超天、大南墘、洋墩、萧家湾一带所产，后者如黄柏、大安、小浆等地所产。

正山茶——桐木关范围内所产者，谓之正山茶，如"正山小种"。

外山茶——与正山茶相对而言。

高山茶——自曹墩至桐木关一带所产之正山茶。

中山茶——自曹墩至星村一带所产者，此乃制红茶而言，制莲心则系指来自大安一带之茶叶。

低山茶——在星村附近平地所产者。

本山茶——来自赤石、上梅一带，制莲心之毛茶。

下路茶——来自建阳一带，制莲心之毛茶。

三、依采摘时期不同而分类

头春茶——即头帮茶，亦称春茶。

二春茶——即二帮茶，亦称夏茶。

洗山茶——武夷岩茶方有洗山茶，当头春茶采毕三四日，再采萌芽期较迟之茶，即谓之洗山茶，大约头春茶每千斤，可采洗山茶五六十斤。

四、依制造方法不同而分类

红茶——工夫、小种。

绿茶——白毫、莲心（在本地亦并入青茶类）。

青茶——武夷岩茶及半岩茶（即乌龙茶）。

龙须——绿茶之一种。

花茶——以半岩茶熏栀子花者谓之"小种花"或"种花"，以粗莲心茶熏者，谓之"工夫花"。

栽培

1. 茶园垦辟　垦辟茶园，多于农闲时行之，除一般平地茶园外，桐木关一带，乃依山垦辟，坡度常在四十度左右。武夷山多岩石，茶园则于岩壑或临岩处，砌石移土，筑成梯形茶园，形状整齐美观。惟整片之大茶园，殊不易见。

2. 繁殖方法　菜茶及铁观音种，用有性繁殖方法。于十月间将成熟茶籽采下，采后不去壳，用条播法，播于苗圃。苗床作畦宽三四尺，长十余尺，行距尺余，穴距三寸，播后覆土寸许，经月余发芽，翌年二、三月，苗长七八寸，即可移植。水仙、乌龙种用压条方法繁殖，于春间将新生枝条倒压地上，在折伤处堆土，不久生根。翌年春，与母本切断，将苗定植。此种水仙与乌龙之压条，概来自水吉。

3. 茶树种植　种植时期多在每年之二、三月，九、十月者甚少，种植方式：采用丛植；每丛株数：菜茶约七八株至十一二株，水仙约三四株至五六株；丛距：菜茶约三四尺，水仙约四五尺，植时以深为宜。

4. 茶园管理　茶苗种后，每年除草中耕一次。经采摘之茶树，则于七月间，举行深耕一次，将茶树主根旁之土壤翻掘①，开五六寸深，于十一月间，复将翻开之土，覆上根部②。经营较为认真之茶厂，于翌年春间，再举行除草一次。此外并不施肥修剪，惟每隔三四年，必行"填山"一次，即将茶园石堤砌高，然后挑他处之土培壅树

---

① 翻掘：即吊土，用开山锄将茶树根旁及间隙中的土挖出，有的甚至以锄头击打树根，使附着的土脱落而后挖出。

② 覆上根部：即平山，在冬季把吊起的土再填到沟中以及根部，将茶地整平。

旁。以上为武夷山管理岩茶之一般情形，至于平地茶园，及桐木关一带，仅于八、九月之间，行一次之"铲山"（意即深耕）。

病虫害

一、病害

1. 煤病　此病在武夷山为害颇烈，罹病之茶树，如盖一层黑烟，蔓延亦速，蚜虫为害茶树为此病之起因。

2. 叶枯病　叶现灰褐色斑点后，逐渐扩大至叶之一部或全部，然后枯萎。(Phyllosticta Theae Spesch)

3. 叶斑病　叶现黑色斑点，逐渐枯萎。(Cercospora Theae Breda de Haan)

4. 轮斑病　叶现灰褐色轮斑，如腐烂状，逐渐扩大以至枯萎。(Pestalozzia Theae Sawada)

二、虫害

据马骏超[①]先生之调查，在崇安以及省内各产茶地，

① 马骏超（1910—1992）：字君采，上海浦东人，昆虫学家。曾任浙江省昆虫局技术员，1937年被派往印度加尔各答皇家学院学习昆虫分类学。1939年奉派至崇安茶叶改良区采集大量昆虫标本，后调回福建省农事试验总场植物病虫害课任技正。1941年任邵武工作站主任，并兼授邵武城内协和大学生物系昆虫学课程，其间曾至武夷山大竹岚、挂墩及桐木关采集昆虫标本。1946年前往台湾省农业试验所应用动物系任技正、系主任。后至美国夏威夷 B. P. Bishop 博物馆任研究员。他长期在福建、台湾和太平洋岛屿采集昆虫标本（达数十万号），开展昆虫调查与分类研究，作出卓越贡献。

附录：崇安之茶业

发现有下列数种之茶树害虫:

1. 害苗者

大蟋蟀　成虫、幼虫食害苗根。

蝼蛄　成虫、幼虫食害苗根。

金龟子　幼虫(即蛴螬)食害苗根。

2. 害枝干者

梗蠹虫(鳞翅目[14]蠹蛾科)　幼虫蛀食枝干。

天牛　同上。

堆沙蛀(鳞翅目掘蛾科)　同上。

介壳虫　幼虫及雌性成虫刺吸枝干液汁。

光蝉、角蝉　成虫及幼虫,刺吸枝干液汁,雌性成虫产卵于枝干组织内。

蚜虫、吹泡虫　成虫及幼虫刺吸枝干液汁。

螽斯　成虫产卵于枝干组织内。

蚁、白蚁、马蚁　成虫(工蚁)匿居土道中,啮食枝干,结巢枝间,并诱引保护介壳虫、角蝉、蚜虫等害虫。

3. 害叶者

毒蛾、灯蛾、尺蠖蛾、夜蛾　幼虫栖于叶表啮食叶片。

斑蛾、带蛾、刺蛾、锯蜂　同上。

蝗虫　成虫、幼虫啮食叶片。

卷叶虫　幼虫潜居卷叶,或叠叶内,啮食叶片。

潜蝇、潜叶蛾　幼虫潜居叶表皮下,啮食叶肉。

避债蛾　幼虫潜居篓囊内，啮食叶片。

象鼻虫　成虫啮食嫩叶，穿成小孔。

盲椿象、椿象、绿椿[15] 象、粉虱、浮尘子　成虫及幼虫刺吸叶汁。

切叶蜂　成虫切取叶片。

介壳虫、蚜虫　成虫及幼虫，刺吸叶汁，并引起煤病。

蓟马、红蜘蛛　成虫及幼虫榨吸叶汁，并引起缩叶病。

4. 害花者

蓟马　成虫及幼虫榨取花汁。

出尾虫、象鼻虫　成虫啮食花器。

盲椿象　成虫、幼虫吮吸液汁。

夜蛾　幼虫啮食花器。

番死虫　幼虫啮食花器。

5. 害种籽者

盲椿象　成虫、幼虫吮吸嫩籽汁液。

番死虫、螟蛾　幼虫啮食籽种。

制　造

(一) 岩茶在制造上之分类

岩茶系属半发酵乌龙茶之一种，由于产地之属正岩、半岩、平地，或在制造时候早晚，天候晴雨，以及处理妥善与否，分有名欉（即有花名之单欉、单欉奇种、奇种、名种、小种，中以奇种数量为最多）。以品质而论，则以名欉为最佳，"大红袍""白鸡冠"即属此类。名欉每岩皆有，少者一二株，多者数百株。花名中，就形取意者，如瓜子金、莲子心、雀舌、铁罗汉。就色取意者，如紫毫、白鸡冠。就味取意者，如木瓜、肉桂、墨兰、红梅。就生长特殊情形取意者，如不见天、不知春（发芽较迟）等。单欉奇种之品质，次于名欉，奇种更次之，但均属正岩所产，且制造处理属正常者。名种为平地所产，或为雨天或一日之末后一次茶青，经"烘青"所制成者，品质仅及岩茶一般标准。小种系由附近武夷山小岗茶，品质最差。以上均由菜茶之成茶分类，此外尚有水仙、乌龙、奇兰、桃仁、铁观音、雪梨等品种，制成茶种，因数量有限，均冠以原名，仅水仙尚因制成品质好坏，有一堆、二堆之分。

（二）采摘时期

岩茶首春采茶时期，多在立夏前一日至四日间，茶农几视此为"金科玉律"，四十年来仅宣统元年及民十四年稍早，余均在上述时期中举行，二春距首春约二十天开采，近年因茶价不佳，采二春者极鲜，三春素不采制。

（三）摘采方法

茶树种后，菜茶三年，水仙五年，即行采摘，惟初采数量不多，嫩叶有芽线不采，须候叶开展至三四叶时始采，而以三叶为一般标准，过粗品质欠佳，过嫩则不合经济。采时用双手工作，以拇指尖放于中指二节弯处，食指活动勾搭鲜叶，动作甚速，一欉由下部采到上部，一欉采完，再采次欉，程序不乱，但往往因品种关系，发芽有迟早，一园茶树，须分数回采摘。茶工挂茶篮于肩上，采约十余斤，即倒入青篮中，运回茶厂制造。工作迅速之茶工，每日可采五六十斤。

（四）室外萎凋

茶青入厂，天晴则摊叶于圆筛上，俗称"水筛[①]"，摊之极薄，放于晒青架曝晒，行日光萎凋，即俗称为"晒青"。日光萎凋每一水筛约摊叶一斤，晒至鲜叶失去固有光泽，呈萎凋状态，握之如棉。然后二筛拼为一筛，稍为摇动，放入阴处凉青架凉青，继续阴萎数十分钟后，候叶发出清香，且稍澎涨（即叶细胞吸收叶梗叶脉余积水分故），然后移入发酵室（俗称"青间[②]"）实行做青，即萎凋继续进行，同时发酵开始。晒青程度，随茶青采摘次数之先后，稍有不同，早青比午青程度稍轻，因一日采青

① 水筛：圆形，直径三尺一寸，外框高度为四分之三寸，筛面用篾片编成，一方尺有四百个四方形网目。

② 青间：即做青间。要求清洁卫生，能控温控湿、通风透气。做青间长约 10.0 m、宽 6.5 m、高 2.8 m，四壁由 40.0 cm 厚的泥墙筑成，设有一门进出，北面墙设一可开闭的窗户，以调节空气流通，保持室内空气新鲜。为避免日光直射，做青间顶上材料采用楼板。室内中央留有供操作的适当空间，室内靠墙壁设有数个 10 层凉青架，即可容纳水筛 150～200 个。做青间位置靠近炒茶间和揉茶间，便于后续加工操作。

次数达八九次，而须午夜同一时间炒制完毕，为工作配合便于一次炒制，故初步萎凋不能不有种种不同之调度。每次所晒时间，随气候及茶青种类进厂先后而有出入，均凭茶师之经验，无一定之准则，但武夷茶师，均能将茶青制到尽美尽善之一步。每日最后一次进厂之茶青或雨天无法行日光萎凋，须经烘青手续。烘青有烘青间之设备，乃设于焙房之楼上，楼板乃用寸许木条，每条隔离寸许铺成，上覆疏孔竹帘，摊叶于帘上，楼下燃烧柴火加温。为避免热气直冲一处，于离楼板下一二尺处，悬有竹帘一层，使地上柴火之热气，不致直冒，能徐徐传绕全室，鲜叶得以平均受热，使萎凋均匀。用此法萎凋，实迫于不得已，因用柴火所烘茶叶，色味欠佳，且带有烟味。烘青适度后，将叶仍摊置于水筛中，经凉青手续，然后移入发酵室。晴天烘青每日一二次，雨天终日举行。

（五）室内萎凋及发酵作用

此步工作在岩茶制造过程中，最为繁重。盖因岩茶系属半发酵茶，须具有绿茶清冽芬香，红茶之水色浓味，是以每一叶片，须设法使一部分发酵，一部分则保持原有状态，岩茶之"做青"作用在此，设法使叶缘细胞破坏，使局部发酵，达半发酵之程度。叶由凉青架原筛移送入青间后，停置约三四十分钟，再将四筛并为三筛，此刻开始"摇青"，即放叶于水筛中，两手执筛旋旋[①]摇动，此作用

---

① 旋旋：缓缓。

在促进叶中水分之加速蒸发，并因摇动作用，使叶缘细胞破坏，酵素发生化学变化。青摇后，将叶收集于筛中，离边沿约寸许不放叶，稍厚摊置，过二三小时，再行第二次摇青，比第一次用力稍重，且摇动次数稍多，摇后用双手挟叶，使叶互碰，促叶缘细胞之破坏，约一二十下，乃将原筛置放青架上。叶经二次摇动，呈萎靡状态，候至相当时间，又复澎涨，俗称此为"还阳"，至此再摇动三四十下，并用手挟叶互碰，次数亦增多。后将青翻转，铺于筛上，中留空洞成凹字形，使空气既可流通，又不至过度发热，得可促进发酵作用。三次摇青后，可静置相当时候，候叶缘逐渐红变，由青香发出浓厚芬芳，然后再行第四次摇青，持叶对灯光一照，如叶之红变部分达全叶十分之四，叶色变淡，并因一叶之中水量含量不一，叶缘干枯，叶中仍含相当水分，遂成龟背状，称"汤匙叶"。鲜叶至此，乃萎凋适度，发酵已足，即所谓理想之"红边叶[1]"。此时即可炒青，否则过度，茶青拦[16]置时间，与摇青次数之多少，亦视鲜叶情形而斟酌进行，自三次至七次不一，所谓"看青做青"，过与不及，均不能制成佳品。

（六）炒青与揉捻

炒青时间常在夜间八、九时，至迟亦不过午夜，即动员全厂工人，制当日全部茶青。炒青及揉捻之工作，均由

---

① 红边叶：同"绿叶红镶边"。

日间之采工兼任。每一炒锅配揉茶籭四个，分组进行，丝毫不乱，每锅炒青量约一斤三四两，锅烧至发红放入茶青，两手敏捷，将叶翻动，以免叶焦①，历时约二三分钟，炒七八十下即取出揉捻，一锅之量，分二人揉，用手力将叶于茶籭上搓揉，使茶汁流出，茶叶卷转，然后二人所揉之叶复并入锅再炒，此次炒青比上次时间较短，仅将叶翻动一二次即取起再揉。此二炒二揉为岩茶制造之特有处理，至为合理，能使氧化酵素完全失去活性，叶仍能保持固有绿色，且发散叶中原有青味，发生甘凉清香，茶叶经二炒二揉后，即送入焙房初干②。

（七）初焙

初焙时于焙窟燃烧木灰，火力极大，将揉好之茶，摊放于焙笼之上烘焙，每一炒锅量，□等于一焙笼之摊放量，时约十五至二十分钟之久，经一次翻动，叶成半干状态，此时水分消失约达百分之三十，然后簸扬去什③，放置于焙

---

① 叶焦：即拉锅，由于炒锅温度过高或翻动不及时，造成部分叶炒焦而叶面起黑点的现象。

② 初干：亦称"初焙""毛火""走水焙""抢水焙"。经过"双炒双揉"后的茶叶送入焙间，倒入焙笼中的焙筛上，并薄摊均匀，然后将焙笼移至焙窟上，采用明火烘焙。用手判断茶叶接近半干时即应翻焙，取下焙笼置于焙盘上，双手翻拌并摊开焙筛中的茶叶，将焙笼移向较低温度的焙窟上再焙，中间翻焙一次，焙笼逐渐向较低温度的焙窟上移动再焙，当茶叶不粘手并有刺手感时即可下焙进行扬簸。

③ 什：杂也。

间，候至天明，交工拣剔，簁出者，另制为"焙茶"。

（八）拣剔

即将半干之初焙叶，分发交由女工拣去黄叶、茶梗，以及其他夹什物，拣剔有"初拣""巡拣"之分，拣工六七人之中，必有一个巡拣工，将初拣未清之茶，一一过拣，拣后即送入焙房，置于焙笼再干。

（九）复焙

拣后茶叶，仍放于焙笼中，置于焙笼复焙，火力比初焙为弱，每焙数量约四炒锅之量，约经三小时，使茶叶焙至十足干燥，然后取出包装贮藏。

（十）包装贮藏

再干后之茶叶，取用方尺许之纸（俗称"种纸"）包成圆形，俗称"团包"，每包约重四两，再放入焙笼中补火①，然后放入特制铅箱中贮藏，候整批挑运下山交庄。

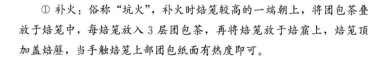

---

① 补火：俗称"坑火"，补火时焙笼较高的一端朝上，将团包茶叠放于焙笼中，每焙笼放入 3 层团包茶，再将焙笼放于焙窟上，焙笼顶加盖焙簏，当手触焙笼上部团包纸面有热度即可。

（十一）茶庄再制[①]

武夷岩茶在山制造甚为精细，故交庄后之再制手续较为简单，其步骤如下：（一）解包分级：即将在岩之团包，照茶类不同，逐一解开扦样品评后，依品质好坏，再行分级，冠以各种高贵名称。（二）筛簸：昔年茶景好时，岩茶精制，不经筛簸，仅解包分发女工复拣，然后打堆包装。年来因运输困难，精制较为认真，筛簸遂不能免，手续如次：岩毛茶先经二、三、五各号筛过筛，分别用簸箕扬簸，然后发女工精拣，精茶称为一、二、三、米，五筛下身过簸，复用六筛飘[17]筛，筛面称为"米角"。时有因毛茶过粗，发拣之精茶称为四米，筛下用八筛过筛，筛面用七筛半过飘筛，并一一用簸箕扬簸，以求去清黄片碎末。有时经数次用同号筛重复筛制，直至黄片去清为止。精茶为五米，八筛下经十号筛过筛去末，称为六米。但"岩毛"之精制筛分工作，并无红茶精制程序之有一定，此间茶工均以"看茶做茶"为依归，过程常有出入，惟大

---

① 再制：同"精制"。武夷岩茶精制指将毛茶加工为成品茶的过程。毛茶质量因产地、品种、生产批次、肥培、天气、工艺和季节等影响因素不同而具有差异，外形大小、长短、粗细等参差不齐，含有鱼叶、老叶、茎梗、黄片、茶籽等，有时还夹杂竹木屑片、砂粒和其他非茶类夹杂物。因此，必须通过分级归堆、整理外形、分清正茶、剔除副茶、合理拼配、"文火慢炖"等作业，将毛茶分成不同花色等级产品，达到稳定、完善和提高武夷岩茶独特品质的效果，以符合商品茶的规格标准要求。

体不外如是。（三）精拣："岩毛"经筛簸分类后，一、二、三、米分发女工过拣，好茶每择天候晴和之日举行，大雨则停止。（四）补火："岩毛"精制后之补火，原非得已之事，盖岩茶品质重香味，初制时覆火已足，贮藏得法，则芬香异常，经过一番补火，香味不无损失，是以多数茶庄对岩茶之精制，均择晴天进行，而避免补火手续。补火时系将精拣后茶叶，放入焙笼，每笼约五斤，焙火微弱，约经三小时，存入囤箱，搁置干燥室内，候同类茶全部覆火完毕拼堆①。（五）均堆及"庄包"：均堆方法与一般红茶均堆无异，均堆后即行"庄包"（亦称四方包），秤精茶四两，利用在岩团包纸为衬，外加新纸，包成长方形小包，外加盖岩别、茶号、茶类等印章。（六）装箱：分包后，即依类装箱，衬箱系铅锡混合制成，每只重约四斤，箱套为枫木制，称为二五箱②，每箱可装上述四方包一百二十包，装后用锡锌口，钉盖，外包篾一层，篾包外标明茶类、批别、件数，然后配运销售。（附"武夷岩茶制造器具图"）

---

① 拼堆：对已焙好的同类同批茶叶进行打堆，以达到整体均匀一致的目的。

② 二五箱：茶箱依尺寸、规格不同有二五箱、三七箱、方箱、放方箱等。据《屯溪茶业调查》（1937 年）载，二五箱长 1.44 尺，阔 1.14 尺，高 1.29 尺。又据唐永基、魏德端《福建之茶》载，二五箱常包装工夫、小种、青茶等茶品。

武夷岩茶製造器具圖

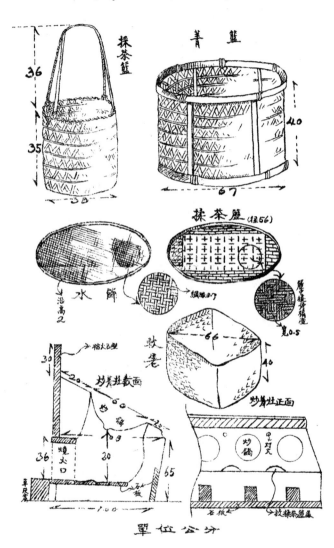

武夷岩茶制造程序

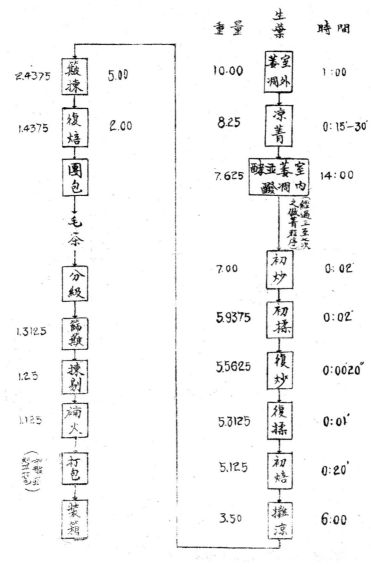

附录：崇安之茶业

· 157 ·

室外萎凋　　　　　　　　凉青

室内萎凋并发酵　　　　　　炒青

揉捻　　　　　　　　　烘焙

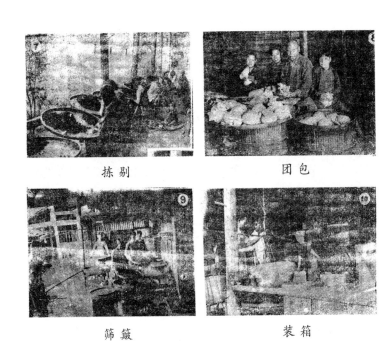

拣 别　　　　　　　　　团 包

筛 簸　　　　　　　　　装 箱

红 茶

崇安所产之红茶有工夫与小种两种。工夫红茶之制法与各地一般之制法相似，不另赘述。惟素负盛名之"星村小种"或"正山小种"（Lapsang Souchong）其制法有其特殊之处，兹述之如下。

初 制

1. 采摘　桐木关一带拔海在三千至五千公尺间，以其地势高峻，日照不强，气候寒冷，故采茶期较迟，每年均在立夏至小满间，嫩叶展开至四五叶时方开始采摘，采摘粗滥，普通均采至鱼叶，甚至老叶亦一同采下。

该处山户，因人工缺乏，所有采制工人，均由江西雇

附录：崇安之茶业

来。采茶工资，乃以所采茶青之重量计算，故工人只知多采，奚能顾及嫩叶或老叶？采工于黎明即起，早饭后，携篮上山采摘，于傍晚约六时前后返厂，午饭由厨夫送至山上，同时随带茶秤，将茶青秤后挑回。每日约收青三四次，采工每日在山上之工作，达十时之久，晴雨不分。每日每工仅采茶青十二至廿斤，盖山户所用大秤，每斤约合市秤廿两至卅两，若以市秤计算，则老练采工，每日可采四五十斤。采工工资，每茶秤十二斤至十五斤得工资一元（廿九年工价），伙食由厂供给。每厂设工头一人，管理全厂工人，并指挥制茶工作，工头多于前年秋冬间聘定。先付定金若干，其工资系以全春计算，所有采制工人，均归由工头招雇。

2. 萎凋　晴天利用室外日光萎凋，将采下之茶青，经抖松后，摊在晒谷之竹帘上，厚二三寸，经二三十分钟翻动一次，历二三小时，待茶青失去光泽柔软握折不断时即可。凡遇阴雨天，则行室内萎凋，俗称"烘青"，各厂均有"烘青"设备，其烘青设备并方法，与制造岩茶相若。烘青间①为上下两层，其二层之楼板，系用细长木条所编，每条间隔约二寸，楼板下约距一尺处悬有竹竿之吊架，以烘焙时安置水筛之用（详后），楼板上铺以晒谷竹帘，茶青摊在帘上，厚一至三寸，楼下燃烧松木于地上，

---

① 烘青间：也称烘青楼，简称"青楼"。指在茶厂的一楼可以提供热源，二楼有倒青设施的场所。

松木分为二三堆，藉求火力上达之平均，烧时关闭门户，以免热气散失，温度约在 25℃～30℃间，每隔十数分钟，须翻动茶青一次，至完全达到萎凋程度时为止。

3. 揉捻　在房屋内靠壁之地面，用泥土筑成长方形之土坑，阔约二尺半，后高（靠壁处）二尺，前高五寸，成 25 度至 30 度斜面，中挖成锅形，一列二个至四五个，将铁锅置上，另在壁上架横竹一条，高约与胸平，将适量之萎凋叶，约二十市斤，倒入锅中，双手握住横竹，两足在锅中用力揉转，先轻慢而后重快，至茶汁流出时，行第一次解块，抖松后，复行揉捻，经二三次之解块，至叶身卷起，茶汁黏腻而稍带香味时即可。此项揉捻工作，亦由采工担任，通常在夜间举行，至深夜方能完毕。

4. 发酵　将揉好之茶叶，装入竹篓或木箱内，上盖麻袋或厚布，并用力压紧，置于近火处，如烘青楼上或灶上，使温度增高，促进发酵作用。约经六至八小时，叶面呈红褐色，无青味而有清香时，即可取出。

5. 炒锅①　利用烧饭铁锅，先以砖块或瓦片磨去油垢，灶中烧以烈火，使温度至沸点以上，然后将发酵适度

———————

　① 炒锅：即过红锅，是正山小种红茶加工的特有工序，指利用高温快速破坏酶的活性，停止发酵，并散发青草气，增进茶香。同时保持一部分可溶性多酚类化合物不被氧化，使茶汤鲜浓，滋味甜醇，叶底红亮开展。传统制法用平锅，待锅温达 200℃时，投入发酵叶 1.5 kg～2 kg，双手迅速翻炒 2～3 分钟，使叶受热，叶质柔软，即可起锅复揉。

之叶，倾入锅中，以两手翻搅，动作须敏捷，经一二分钟，叶身变软时，即可起锅。此项工作较难，非一般工人所能胜任（亦有不经此项炒锅程序而直接行烘焙者）。

6. 烘焙　将炒过之叶，均摊于水筛上，以薄为佳，不可厚过三寸，然后将水筛置于烘青间楼下之竹竿吊架上，下烧松木，与烘青时同，同时亦即可烘青。所用燃烧松木，多未干，烧时有烟，故小种茶熏有松烟气，此亦即小种茶之特征。在烘干时，须翻动一二次至八九成干即可取出。

7. 筛分　筛分所经之程序与精制相若，惟较为简单。普通只经一至四筛，分出一、二、三、四，四号茶，并簸去轻片及粉末，不经其他做片等步骤。

8. 拣剔　将筛分过之茶叶，按各号依次拣剔，普通只拣去粗大片及梗，所拣出之片，不道德山户常重行制造，法将茶片浸在泡过之浓茶汁中，加压力经一昼夜后取出，再行揉捻干燥，俗称为"囊子"，混入毛茶中出售。

9. 覆火　将拣好之各号茶叶，置于焙笼上，用炭火烘焙，火力不可太大[18]，烘至火味足时取出（有不经此项覆火手续者）。

10. 均堆　经过覆火后之各号茶叶，分层堆上，再由纵面耙下，装入篾篓。篓用竹片及箬叶所编，形如酒缸，内衬毛边纸，每篓可装茶百斤，面上再覆以纸加封条，将盖盖上，即可出售与秤手。由秤手自行雇工，挑到茶号精制。

精制

附　小种红茶精制程序图解

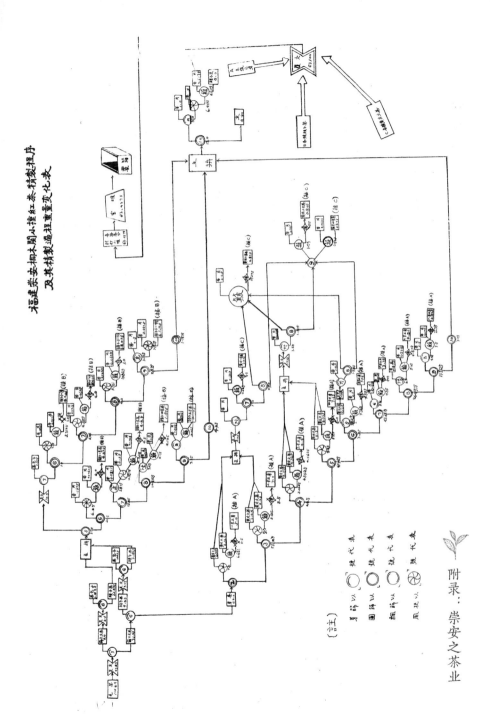

福建崇安桐木關小種紅茶精製程序及其精製過程重量變化表

〔註〕
凡用月篩以篩之 代表
凡用圓篩以篩之 代表
凡用飄篩以篩之 代表
凡用風扇以篩之 代表

白毫莲心

白毫莲心，本为嫩粗两种不同之茶叶，均为菜茶种，用绿茶制法，即采后经晒、炒、揉、焙、拣各程序。茶号将所收买之毛茶，再焙二次，即可装箱，不经拣剔手续。盖制白毫莲心之山户，已拣剔干净，无需重拣也。惟晚近因山价低落，山户制造，较为粗放，仍需再经拣过。崇安之白毫，因茶树品种不同，与政和、福鼎之白毫互异，品质与价格亦相差远甚。在崇安单独采制白毫者甚少，每在莲心内加入带白毛之嫩芽，藉增美观，并提高品质，而称之曰"白毫莲心"，故白毫与莲心两名，每混为一谈，无严格之限制与划分。至于莲心命名，取义于细嫩，因采一芽二叶，经制造后，其形状颇像莲子心，故名。近来所制之莲心茶，日渐粗放，既无白毫，且条索粗松，与一般之绿茶无异，已失昔日白毫莲心之真面目矣。

龙 须

龙须茶，其制法属于绿茶类，惟本地习惯，均并入青茶类，以其条索似须形故名，品种系菜茶。赤石附近之八角亭居武夷山麓，天然环境佳良，即亦制造龙须之集中地点，其品质之优异，非建瓯等处所产者可比。其制造过程颇为简单，述之如次：

一、采摘：在立夏前二三日开始采摘，普通采至第四叶为止。

二、萎凋：将采下之茶青摊布于竹制之水筛，置日光下，晒至叶片柔软失去光泽为度，时约二三十分钟，或将筛排列于凉青架上，架常置于檐下或屋内空旷处，行室内萎凋，茶农因人力所限，每须次日始行炒青，故多行室内萎凋。

三、炒青：法将萎凋适度之茶青约一二斤余，置于热度极强之锅中，两手迅速翻动炒之，历时约五六分钟，取出揉捻。

四、揉捻：将已炒之茶叶，置于揉茶篓中，用手搓揉，使茶汁流出，茶叶卷转为度，时间约四分钟。

五、扎把：法将揉捻毕之茶叶，将每一根弯卷之揉捻叶，用手指理直之，整齐首尾，置于手掌中，用拇指、食指夹住叶柄，黄片及条索不良者，则捻成团，约拇指大小，夹入中间，将理直之茶叶包在外面，用力扎成橄榄形，两端束以丝线，成为小把，再用剪刀剪齐之，长约二寸八分，圆约一寸，以两小把合为一束，中间束以红线，每把重约四钱。此项工作，乃由女工担任，每人平均每日可扎二百余把，每小把工资一分，所用红绿丝线向收购茶号价买，以资一律。

六、初焙：将扎好之茶叶，置于焙笼焙之，约一二小时，外部干燥，即可取出。

七、再干：龙须不经精制手续，茶号收购后，再用微火覆火一次，约经一二昼夜即可装箱。每百斤再干后，可得干茶八十斤。每箱装三十八市斤。

花　茶

将半岩茶或粗莲心，雇女工拣净后，经烘焙五六小时，暂装入囤箱，经一二日，使热气冷退，然后铺在地上，约寸许，铺花一层，再铺茶一层，使茶花相间，经十二小时，翻动一次，再经廿四小时，用茶筛筛去残花。是时经窨花后之茶叶甚为潮湿，须即行焙火，约二小时，暂装囤箱，至打官堆后，再用微火烘焙，约五小时，然后装箱出运。窨茶之花，系用栀子花［学名雀舌花（Gardenia radicans，Thunb)]。花价视各年之供求情形而不同，每斤自四分而至四角者有之。鲜花收进后，须雇女工将花扭散，留花瓣，拣去花心（雌雄蕊)、梗、萼，再筛去碎片及夹杂物，即可窨用。

销　售

一、组织系统

我国茶业组织系统，极为复杂，自生产者至消费者，须经无数中间人之手，其组织之不合理，全国各地皆然。在此不良组织中，牺牲最大者，厥为茶农。茶农为衣食所迫，不得不粗制滥造，羼杂作伪，希冀多增收入，勉维生活。茶号收得毛茶后，但求多获利润，以补茶栈之剥削，茶栈又乘机榨取，借以减轻洋行之压迫，为此层层相因，循环报复，皆不以品质为前提，而惟利是图，影响所及，华茶在国际上之声誉日落，市场日蹙。

崇安茶业组织，除红茶与一般情形相同外，武夷岩茶、半岩茶、莲心、龙须等，则因内销及侨销占其大部，故其组织系统，较为单纯，少经中间者之手，年来内外销茶叶，经中央统购统销，一切弊端革除殆尽，兹姑简述过去崇安茶业之组织概况，并先列表于下：

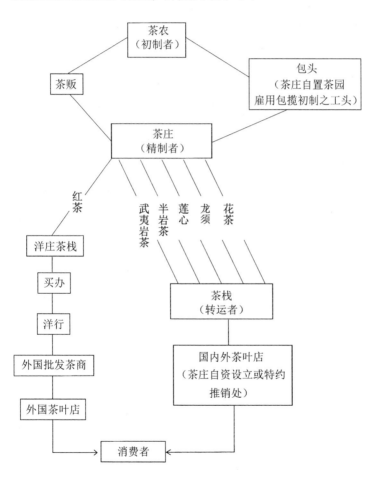

附录：崇安之茶业

（一）茶农　亦称山户，崇安农民视茶为主业者，比比皆是，彼等一年所望，均在卖茶收入，桐木关及武夷山邻近各地，到处可见此辈"纯粹茶农"。在桐木关纵横百数十里，农民居住处所，即为茶厂，土地垦辟所及，均是茶园。过去当"星村小种"全盛时，桐木关茶农均走红运。惜该地因交通阻塞，居民无几，各茶农如逢茶景不佳，无力招雇外地茶工时，茶园立告荒芜。过去崇安因时遭匪乱，年来复因海口封锁，外运困难，及欧战爆发，销场阻滞等关系，桐木关茶园之荒芜，均较他处为甚。桐木关茶农每家年产红茶多者二千余斤，少亦数百斤。在武夷山邻近各地，如黄柏、赤石，及西路之大安、小浆等地，年产千斤以上之茶农，比比皆是。如一旦因茶景不佳，无力雇用茶工，只有坐视茶园荒芜。此点为崇安茶农以茶为主业，全力经营，易为外界阻力所袭击，与他县茶农多以茶为副业，于耕种其他作物之余暇，整理茶园，虽在万分困难之环境中，仍可利用自家劳力采制，即使茶价极贱，亦可换取劳力代价，不可同日而语矣。

（二）茶贩　为茶农与茶号之中间者。崇安茶农产量多者均不经茶贩之手，直接售与茶庄。

（三）茶庄　亦称茶号，除向茶农、茶贩收买毛茶外，如需大量必须派人至各产地收购。被派之人，俗称"秤手"，携带茶秤，向各山户定购，并随时将所收数量，秤交茶庄。茶庄收购到达相当数量后，即加工精制，制满预定箱额，即交代报行，运往福州，各投其所贷款之茶栈。青茶间亦有向福州茶栈贷款者，然大部均自资购制，其箱茶投入何家茶栈，全视茶栈拉拢之手腕如何为转移。茶庄有时因怵于情面，乃将所装箱茶，分投数家茶栈。

（四）茶栈　其主要任务，原为介绍内地茶号制成之箱茶代为布样售与洋行，或其他出口商。但因内地茶号在制茶前所需资本，多仰茶栈贷放，因此茶栈又为茶业界之金融机关。然茶栈本身并无大量资金，不过向银行、钱庄转贷而来，是则茶栈实为内地茶庄与大都市银钱业之承转机关而已。茶栈向银行、钱庄借款，月利约为一分左右，而转借与内地茶庄，则苛索至一分八厘左右。茶栈放款内地茶庄之作用，不仅在图取利息，又在支配箱茶之出售权。茶栈利用内地茶庄对海外市况及商情之隔膜，勾结洋行，任意加以剥削与压迫。抗战后，政府统制茶业，先从外销茶入手，于廿七年春毅然决然取消茶栈，由政府直接贷款与内地茶庄组成之联合茶号，切中时弊，开中国茶史新纪元。至于采办莲心、龙须、岩茶、半岩茶之茶庄，于箱茶运交福州各该关系茶栈后，茶栈代其收囤，代垫运费，及代兑茶庄由内地所发出之汇票，代将箱茶转口运至厦门、泉州、汕头、广州及香港等各该茶庄所在地。茶栈于青茶，无法如红茶之横加剥削。在民廿六年以前，每箱茶仅有一元左右之利润，然每年如有十万箱入栈转运，则营业之利益，亦至可观。福州茶栈与青茶庄有关系者先后有同利、三泰、同昌、万春、万泰、协裕、协和隆、成彝春、义昌和、高丰等十数家。

（五）洋行　华茶外销几全为洋行所操纵，福州购茶洋行以英商为最多，德商次之。崇安红茶（以小种居多）均须经茶栈之手，售与洋行，洋行收买箱茶后，有另行将茶分级覆火均堆改装出口，亦有照原装改换洋行商标出口者。洋行内部之组织，有总经理一人，俗称大班，下有茶师及总帐房，均为外国人，再次为买办，多系广东人。凡与茶号来往帐目，及洋行内部所雇之华员，均归买办负责办理，买办之下有栈房主任，下设过磅员、栈司，又有茶楼，专司收发茶样之职。此外尚有翻译员、帐房、书记、办事员等华员，所得之薪金虽极微薄，但各种额外分摊之收入则甚丰。洋行之积弊极多，杀价除样茶，吃磅，过磅延期，九九五扣息，扣内办，九九扣佣，为其剥削茶商之尤著者。自民国二十七年政府统制政策施行后，直接贷款茶号，茶号所制箱茶，全部交由政府统销。洋行失却剥削对象，更无茶栈从中帮凶，华茶对外贸易，不复如前之全处于被动地位，中国茶史至此放一异彩。

（六）茶叶店　外国茶叶之需要华茶者，须向外国批发茶商转向在华之购茶洋行购买，既经偌多中间者之手，其成本无不昂贵倍蓰，华茶一至外国市场，无法与印、锡等后起产茶国竞争，此为主因。崇安青茶庄，大都为各地茶叶店派驻产地之"采办家"，直接将箱茶由产地运至销地，不经任何中间者之手，故其成本既可减轻，而其采制箱茶又能适合市场需要，易于推销，此与外销红茶有所不同者也。

二、销售概况

（一）武夷岩茶、半岩茶　武夷山范围内各岩茶厂所产茶叶，谓之武夷岩茶；在武夷岩邻近茶园，如黄柏一带所产者，谓之半岩茶。武夷岩茶及半岩茶制法相同，均属乌龙茶类，俗称青茶，因茶树品种不同，而有菜茶、水仙、桃仁、奇兰、乌龙等之分。武夷青茶之最大销场为闽南泉、漳、厦所属各县；潮州、汕头及南洋群岛销量亦大。

厦门为福建乌龙茶惟一集散地，武夷青茶大部运至该地，即安溪乌龙茶亦大部运至厦门转口。据民二十五年一月一日厦门《江声日报[19]》统计，厦市计有茶庄三十四家，每家资本多者十五万元，少者亦在千元以上，全年营业总额计六四五〇〇〇元。

厦门茶庄几全以乌龙茶为经营对象，或侧重于安溪茶，或侧重于武夷青茶，或两地并重。厦门茶庄侧重武夷青茶之经营者，历年均派人至崇安采办，先后计有瑞苑、奇苑、锦祥、芳茂、泉馨、文圃、福美、泉圃、铁峰、锦春、崇茂、万发等数十家。所制箱额，最多者如瑞苑、奇苑，年各达数千箱，少者如崇茂、万发，亦达数百箱。

武夷青茶除厦门为重要销场外，在泉、漳所属各县销量亦大。泉州茶庄，计有泉苑、集泉、泉香、泉[20]岩、清源、信记、鸿记、玉泉、文苑、玉苑、芳苑等数十家。漳州茶庄较大者，有荣胜、莲圃、源春、武安、奇苑、瑞苑、裕美等十余家。泉、漳所属各县茶庄甚夥，不胜枚举，均以经营乌龙茶为主。廿余年前，安溪乌龙茶尚少人赏识，故举凡武夷青茶之正茶副茶（茶梗茶末）均行运往销售，后因运费渐昂，生产成本渐高，于是南运数量日少。民十九年后，崇安地方多故，茶商裹足不前，从兹江河日下，成本更高，南运数量更少矣。安溪乌龙茶乃得乘机畅销，从前饮惯武夷茶者，均以安溪茶性质太凉，多饮败胃等口实贱视之，今则观念转移，咸喜饮用安溪茶，取其价廉，味香。抗战前数年，武夷茶销途日蹙，安溪茶则日渐扩展，在本省如此，在潮汕亦然，在南洋群岛更属显而易见，观此可知消费者饮茶观感并不难于转移。国人辄以华茶品质优异自负，此后如不设法减轻成本，改善外销方式，则武夷青茶旧有市场，被安溪茶所攘夺之情形，可为殷鉴焉。

闽南及潮汕茶商来崇采办青茶，直接运销，获利颇厚，多有在崇安自置茶山，垦成茶园者。武夷岩茶厂迄今仍以该茶商握有所有权者居多，彼等历年亲来崇将所产岩茶运往各该茶庄所在地加工拣净改换装璜，巧立名目，向外推销。年来虽茶景不佳至于极点，而彼等仍循例来崇无稍间断，惟业务较为缩小。除装运自产岩茶外，不再向外收买，间亦有一部茶商，无力管理茶园，而坐视荒芜者。

南洋群岛饮用乌龙茶者，多为侨胞，故外销该地之茶，亦称侨销茶。南洋侨胞嗜饮乌龙茶之风较潮汕及闽南各县尤盛，侨销茶多由闽南茶商直接带往推销，历时既久。随在各重要商埠如新嘉坡①、槟城②、仰光、马尼剌③等地，分设茶叶店，或特约推销处，藉利推销，年销数量，恒凌驾国内，起先以销售武夷茶为多，后来安溪茶渐居上风（自民廿七年政府统制茶业以后，武夷青茶运往闽南者甚少，运往南洋者，几告绝迹，安溪乌龙茶亦极少公开运往。自民廿七年由晋江贸易公司办理乌龙茶结汇出口后，迄今三年，政府不予茶商续行结汇，又无法统购统销，乃激成闽南茶叶走私之风甚炽，最近方准许茶商续行结汇出口）。当福建乌龙茶无法外运时，南洋群岛消费者多被迫改饮台湾乌龙茶，至是福建乌龙茶在南洋之市场，将尽被敌人扶掖下之台湾④乌龙茶所席卷矣。

（二）红茶　崇安所产红茶以桐木关一带为最多，分水关一带次之。桐木关一带所产者，均集中于星村精制，

---

① 新嘉坡：今新加坡。

② 槟城：即马来西亚槟城。

③ 马尼剌：今马尼拉。

④ 时台湾被日本侵略者强占，直至民国三十四年（1945）方重回祖国怀抱。

因其品质优异，是以"星村小种"在销场上颇负盛名。桐木关一带茶农，于初制时，系用松木代炭烘焙，松木在燃烧时，所生之松烟侵入湿毛茶中，于精制后，仍含有些微松香烟味。福州购茶洋行之茶师，乃以含有烟味为鉴别真伪星村小种条件之一，"星村小种"因有"烟小种"或"人工小种"之称①。各地假冒星村小种之茶商，将普通红毛茶，于补火精制前，置湿松木于焙窟炭火上，燃烧松木，使生浓烟，用以熏焙毛茶。然此种人工造作之烟味，失之过浓，审茶时嗅其香气，远不若真正小种，且予人恶感，东施效颦，其动机至为可耻。假冒烟小种者，不仅崇安茶商间有收买江西邻县之毛茶（俗称假路茶）充之，即政和等县茶商，亦有大量制造冒充。红茶类中小种与工夫所不同者，为小种略具烟味，滋味较浓，外表形状较工夫粗大（大号茶较工夫多）。真正星村小种，在福州之售价历年均较工夫高贵，即冒充者，售价亦高，因此一般茶商多愿冒制小种。福州购茶洋行，或可以此假小种欺骗外国消费者，故虽明知政和等县所制者为赝品，仍有特约茶庄大量购制者。崇安红茶，既以星村小种著名，历年红茶商以制造小种箱茶为多，间亦有制造工夫箱茶者，但为数甚少。正山小种主要输往英国伦敦，转出口至中欧各国，如

---

① 亦有"柏香小种"之称。

立陶宛、拉特维亚①、爱沙尼亚、捷克斯拉夫②、巨哥斯拉夫③，以及美、德、荷兰等国，人工小种则主销德国，及以上各国家。

（三）莲心　经营莲心茶庄，多为广东人及潮州人。前者称为广帮，后者称为潮帮。精制茶厂均设于赤石。光绪十余年起，至民国十九年止，广帮年制一万数千大箱（俗称大斗，每箱老秤五十斤），潮帮年制二万余箱（每箱老秤二十八斤，俗称二五箱）。当莲心销场活跃时，崇安莲心毛茶不敷供应，潮帮多至水吉、政和等地收购；广帮则至江西邻县及建阳等地收购，惟均运至赤石精制。潮帮以条索（形状）美观，细嫩为尚；广帮则重滋味。莲心箱茶多由香港转口至越南、缅甸等地销售。广帮中之宁泰茶庄，在法属越南之东京、河内、海防、谅山、西贡等地，均设有茶叶店，销售由崇安运往之莲心，年达五千大箱。由产地至销场不经中间者之手，宜乎其营业蒸蒸日上也。广帮尚有广泰、生泰、金泰、谦记、怡兰、绿华、源茂等牌号，年制各达数百大箱至千余大箱。潮帮中较重要者有美盛、协盛、亿春、谦成、顺记、护记等牌号，年制各达数千箱（二五箱），亦均直接运至销场销售，获利极厚。追想过去盛况，反观目前衰落情形，令人无限感慨。

---

① 拉特维亚：今拉脱维亚。

② 捷克斯拉夫：今捷克共和国与斯洛伐克共和国。

③ 巨哥斯拉夫：即原南斯拉夫。

（四）龙须　龙须多由广帮兼制，年制七八百箱（二五箱）。每箱装约三十八市斤，运至美国旧金山，以及新加坡一带销售。据云，该地居民，于新年或结婚时喜购此茶盛入玻璃匣中，以供玩赏或送礼之用。每盒装三两半至六两不等，惟销量无几，均由该地茶叶店向广帮茶庄托购者。

（五）花茶　经营花茶者，下府帮居多，如奇苑、瑞苑等茶号。潮州帮次之。年约千余箱（二五箱），每箱约三十六市斤。在赤石精制后，运往福州三泰及同昌等茶栈囤存，然后配运往香港、南洋或厦门，茶栈抽收寄存费，每箱自八角至一元。花茶单独出售者甚少，乃与岩茶混合，以提高其香味，俗称"吊味"，品质较佳之旧岩茶，常配以"种花"，较粗者如干介[①]类，则配以粗装莲心。

茶会组织

崇安茶业公会，过去并无正式组织，当其全盛时期，各地茶商集居一处，即以各地方言为准，分成下列各帮：

（1）下府帮——以闽南方言为准，包括漳、泉所属各县及旅居潮汕之闽南茶商，此帮对外之名义，为公和帮。

（2）广东帮——以广州方言为准，组成此帮。

---

① 干介：唐永基、魏德端《福建之茶》作"尴尬"。花茶过风扇得正轻身、三轻身、四轻身、尴尬诸堆。轻身，指身骨轻飘的细碎茶，而尴尬为茶叶之较劣部分。

（3）潮汕帮——以潮汕方言为准，组成此帮。

上列三帮，除广东帮间亦有经营红茶外，余均经营青茶，至于以经营红茶为主之本茶帮及江西帮，因人数较少，势力均不若上列三帮之雄厚。

各帮之组织，具有茶业公会之性质，而实际上即为同乡会，其最大任务为保护各该帮之权益，及解决帮内外之纠纷，各帮彼此间，缺少密切联络。迨民国十九年，因地方军队割据闽北，勒派茶商巨款，各帮始有联合组织，用以应付，此后之茶会组织，亦大部为应付地方派款，商求减轻之机关。民国二十三年在福州虽有崇安茶业改良会之设立，然系徒托虚名，无何实际工作表现也。目前仍有崇安茶业同业公会之设立，主席为集泉茶庄经理鲍书图。

【校勘记】

[1] 相对湿度，原作"相对温度"，据林馥泉《武夷茶叶之生产制造及运销》"二十九年十一月至三十年八月崇安气象要素月平均表"改。下原"摄氏"二字，改作"百分之"。

[2] 分，原作"汾"，径改。下同。

[3] 霄，原作"需"，径改。

[4] 先，原作"光"，据原诗改。

[5] 端，原作"瑞"，径改。

[6] 武夷，原阙，据原诗补。

[7] 下，原作"上"，据《武夷茶考》文改。

[8] 红茶，原作"茶红"，据文理乙。

［9］选，原作"巽"，径改。

［10］古黄坑，今作"古王坑"。

［11］芦，原作"炉"，据清董天工《武夷山志》改。下同。

［12］姑，原作"如"，据林馥泉《武夷茶叶之生产制造及运销》改。

［13］李礼管，崇安县制茶业职业工会会员名册（1948 年）作"陈礼管"。

［14］目，原作"杲"，据文理改。下"鳞翅目"之"目"同。

［15］椿，原作"春"，径改。

［16］拦，疑作"摊"。

［17］飘，原作"漂"，据文理改。下同。

［18］太大，原作"大太"，据文理乙。

［19］江声日报，应为"江声报"。

［20］泉，原阙，据唐永基、魏德端《福建之茶》"茶叶市场"章补。

本书获天津市宣传文化"五个一批"人才培养经费支持

呼吸的秘密

胡秀娟
孔令彬
————
著

中国出版集团
研究出版社

图书在版编目 (CIP) 数据

呼吸的秘密 / 胡秀娟, 孔令彬著. -- 北京 : 研究
出版社, 2024. 8. -- ISBN 978-7-5199-1698-5

Ⅰ. R322.3-49

中国国家版本馆CIP数据核字第2024YX0313号

出 品 人：陈建军
出版统筹：丁　波
责任编辑：安玉霞

呼吸的秘密

HUXI DE MIMI

胡秀娟　孔令彬　著

研究出版社　出版发行

（100006　北京市东城区灯市口大街100号华腾商务楼）

北京新华印刷有限公司　新华书店经销

2024年8月第1版　2024年8月第1次印刷

开本：880毫米×1230毫米　1/32　印张：6.5

字数：97千字

ISBN 978-7-5199-1698-5　定价：49.00元

电话（010）64217619　64217652（发行部）

版权所有·侵权必究

凡购买本社图书，如有印制质量问题，我社负责调换。

目　录

序

没有全民科学素质的提高，就难以建立起宏大的高素质创新大军，难以实现科技成果快速转化。如何提高全民科学素质？大力推进科学普及工作是非常重要的举措之一。有专业背景的人加入科普工作者队伍中，可以提供科学的、权威的信息，助力公众科学素养的提升。

医生做科普，承担着两种角色：其一是医者，担负着救死扶伤之职；其二是传者，古今中外，医生之所以被称为师，是因为其本身就担负着传播知识之职。让公众多了解生命个体与环境、社会和与疾病相关的知识，知道如何去预防疾病，让大家在遇到疾病时不慌张，遇到谣言时不传播，提升大家的防护意识，是医生作为传播者的工作重点。如果大家对疾病有了较为清晰的、准确的认知，那么，我们医生的工作也会好做得多，这对建立和谐医患关系也至关重要。

　　对待疾病，西医有三级预防策略，即病因学预防、发病学预防、临床预防。而中医则认为"上医治未病"，即医术最高明的医生是能够预防疾病的。中西医虽然方式和路径不同，但目的是一样的，那就是"防患于未然"。医学科普近些年来越来越多，特别是随着技术的发展，网络出现了很多科普文章和短视频。一方面，这些的确为公众提供了丰富的医学知识；另一方面，内容良莠不齐，知识与谎言同在，真理与谬误共存，影响了大家对医学知识的判断和吸收。所以，应该鼓励更多的专业医生参与科普，让公众听到专业的、权威的、科学的声音，才是讲好医学科普的应有之义。

　　呼吸与我们每个人息息相关，须臾不离。在日常的临床中，由于患者个人医学常识缺乏、医学素养不高造成贻误病情等情况时有发生。当然，因为知识缺乏造成恐慌性就诊，浪费医疗资源的情况也较为常见。这也说明了呼吸系统科普的重要性，它可以让我们更好地了解呼吸系统的知识，预防呼吸系统疾病的发生。

本书第一作者胡秀娟医生在天津市胸科医院呼吸与危重症医学科工作，长期奋战在临床一线，积累了丰富的临床诊疗经验，利用工作之余，与天津中医药大学孔令彬副教授合作完成此作。书中用通俗的语言向大家介绍了和呼吸相关的生物学、医学等学科的知识，融专业性、知识性和趣味性于一体，相信能够对提升读者健康素养提供帮助。

希望能有越来越多的专业医学工作者开展科普工作，为"健康中国"战略的实施增砖添瓦。

李月川

天津市胸科医院呼吸与危重症医学科　主任医师

2024 年 5 月

前　言

这是一本通俗易懂的科普类图书，从我们生活中须臾不离的呼吸入手，旨在将与呼吸相关的科学知识以易于理解的方式传达给广大读者，提升公众健康素养和科普素养。本书用通俗化的语言和方式介绍呼吸的生理过程、与健康的关系，以及与呼吸有关的疾病、环境和生活方式等方面的信息。

在内容上，本书主要包括五部分：（1）梳理人类呼吸系统的进化史——我们的呼吸系统是怎么演化成现在这个样子的；（2）用通俗化语言介绍呼吸系统的运行机理——我们的一呼一吸是如何完成的；（3）介绍包括打鼾等在内的生活中常见的一些呼吸现象——我们该怎样认识这些现象以及与其相关的疾病；（4）分享与呼吸相关的一些内外部因素——我们该如何更好地维护我们的呼吸系统；（5）向大家介绍呼吸系统疾病的日常预防以及适合的运动。

本书在内容上坚持通俗易懂、涉笔成趣，并结合发生在身边的一些现象、案例和一些历史事件来说明科学原理，使抽象的概念更具体和引人入胜；在形式上图文并茂、简洁实用，以帮助读者更好地理解概念，增强可视化效果；在编排上遵循历史发展、认知过程、运行机理、身边现象等逻辑，将生物学、医学等专业知识进行了通俗化解读。

感谢天津市宣传文化"五个一批"人才培养计划对本项目的支持，感谢天津中医药大学、天津市胸科医院的支持。本书在写作过程中，还得到了天津市胸科医院、天津中医药大学相关部门以及多位同仁的支持与帮助，在此表示感谢。感谢研究出版社编辑安玉霞老师的鼓励和帮助，让本书顺利付梓；有了编辑老师们的辛勤劳动，让本书得以精彩呈现。天津中医药大学传播学专业的刘云霞、章鹏和黎维瑶三位同学利用他们在美术方面的特长，为本书绘制了精彩的、可爱的图片，为本书增色多多，非常感谢。

有感于科学普及在提升公众科学素养方面的重要

性，我们希望能用自己所学做一些力所能及的工作，这本著作是笔者一次尝试大众科普写作。由于时间仓促，且水平有限，书中编排、内容等难免有不妥之处，请大家见谅并斧正。

胡秀娟

2024 年 5 月

生命和呼吸是相辅相成的，不存在不呼吸的生命体，也不存在有呼吸的非生命体。

——威廉·哈维（1578—1657 年，英国著名生理学家，实验生理学的创始人之一）

什么是呼吸？通俗地说，人类的呼吸就是空气进入人体又从人体出来的过程，包含两个动作——呼和吸，正是靠这两个动作，人体完成了有机体与外界环境之间的气体交换。对人类来说，这是两个须臾不离却又被我们经常忽略的动作。

但是，你知道吗？正如人类是经过数百万年的进化才成为今天如此模样一样，呼吸系统的进化同样漫长且有趣。本章，我们就一起来认识呼吸系统的进化史。

第一节　远古的呼吸

1859 年，达尔文的《物种起源》出版，这本被誉为影响世界历史进程的书籍，揭示了地球上所有的生命，不管远近，都或多或少存在着亲缘关系。他的另一本伟大的著作《人类的由来》，则揭示了人类是

由低等动物进化而来。广为人知的一个观点是，人类
与类人猿有共同的祖先。达尔文在《人类的由来》一
书中提及，非洲的黑猩猩和大猩猩跟人类在形态学、
生理学、行为学、生殖学等很多方面非常相似，所以
它们可能是人类的近亲。

研究表明，人类祖先起源于距今 500 万—600 万
年的东非大草原的古猿。从外形看，古猿与人类已经
高度相似。对人类化石的研究也证明，古猿的血液化
学成分和人类非常相似，甚至在二者身上发现了共同
的寄生虫。二者甚至有非常相似的表达情感的方式。

如果说古猿是人类祖先，那古猿的祖先又是什么
呢？既然我们都是从低等动物进化而来，那么，最早
可以溯及哪种动物呢？

2022 年，一条"我国科学家证实人类是从鱼进
化来的"的信息登上微博热搜榜。中国科学院古脊椎
动物与古人类研究所朱敏院士团队最新的科研成果显
示："这次发现的鱼生活在大约 4.4 亿年前，属于有颌
鱼，它们确实是我们的祖先，但它们也同时是绝大多

数脊椎动物的祖先，比如我们熟悉的十二生肖，它们的祖先也都是有颌鱼。今天的我们和十二生肖里的动物都相当于进化树上的树枝，而往根源推导，最终汇聚到的一根主要枝干就是有颌鱼。"此次发现团队的主要成员之一朱幼安副研究员在接受媒体采访时说。

严格来说，此次发现的有颌鱼"非常接近今天鱼类和人类的共同祖先"，长得像鱼，距今 4 亿多年。

其实，不管是古猿也好，鱼类也罢，还是人类，都是从低等动物进化而来的。研究表明，人体有 8 大系统、50 多个器官，和人类进化同步，它们也是在

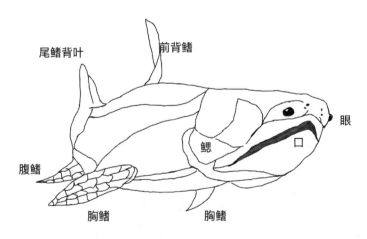

最早进化出颌骨的鱼类

不同的历史阶段逐步演化而来的。呼吸系统作为其中非常重要的组成部分，同样遵循着这样的规律，经历了数十亿年的演化和适应，充分反映了生物适应不同环境和生活方式的演化历程。这也说明早期海洋生物的出现具有里程碑意义。

首先是原始的气体交换。气体交换是指氧气和二氧化碳在肺泡和血液之间的交换过程。早期的生物都是较简单的生命形式，例如一些微生物和海绵类生物。它们代表了生命演化的早期阶段生物体的适应性和生存策略，依赖直接与周围环境中的水或气体进行气体交换。这个时候的生物体是没有特定的呼吸器官的，比如鳃或肺。

早期海洋生物的出现年代非常遥远，确切的时间点仍然存在争议，但科学家相信早期海洋生物在地球形成后的相对短时间内就开始出现。约在地球诞生后的最初几亿年里，就有原始的、单细胞的微生物，如古生菌，生存在海洋中，它们不依赖氧气（厌氧生物），因为在当时，地球的大气中几乎没有氧气。

这种气体交换是通过简单的扩散来完成的。在原始的气体交换中，生物体表面的细胞与周围的环境直接接触。气体可以通过细胞膜上的微小孔隙和通道，以及细胞膜本身的渗透性，通过扩散的方式来进出细胞。这是一种被动的气体交换过程，不需要额外的能量进入。

需要说明的是，那个时期空气中的含氧量几乎为零。所以，这个阶段的生物"呼吸"是一种厌氧呼吸。厌氧呼吸是一种生物呼吸过程，其中生物体在缺乏氧气的条件下获取能量。这种呼吸方式与通常的有氧呼吸方式不同，有氧呼吸需要氧气来产生能量，而厌氧呼吸不需要氧气。厌氧呼吸的生物可以在氧气有限或无氧的环境中存活。

当然，厌氧呼吸尽管是远古时期主要的呼吸形式，但其实现在仍然广泛存在于生物界中，并且在一些特定的生态环境中发挥着重要作用。比如湿地和泥潭等水体底部的环境通常缺氧或氧气非常有限。在这些环境中，一些微生物，如硫酸盐还原菌进行厌氧呼吸来代谢有机物质。这些细菌的代谢过程会产生硫化氢气体，这是一种有毒的气体。人体的肠道内也存在厌氧细菌，它们在肠道内通过厌氧呼吸来分解食物残渣和有机物质。这些细菌对人体的肠道健康和消化过程起着重要作用。

对早期的生命形式来说，水起着重要的作用，因为水是气体溶解和扩散的媒介。生物体通常处于水中，或者有水存在，这使得氧气能够溶解在水中，然后通过细胞膜扩散到细胞内，同时将产生的二氧化碳通过相同的方式排出。

这种气体交换方式只适用于微小的生物体，因为大型生物体的细胞与外部环境的距离较远，扩散效率较低。

大约35亿年前，最早的光合作用生物蓝藻开始出现。利用叶绿素 a 通过光合作用产生有机物，同时释放氧气。这标志着氧气开始在地球的大气中积累，为日后的生命演化创造新的条件。

随着时间的推移，早期海洋生物逐渐进化成更复杂的生命形式，包括多细胞生物。这些生物在地球上演化出各种不同的生态角色和生存策略，从而促使了生物多样性的进一步发展。因此，早期海洋生物是生命演化的关键步骤，为地球上丰富多样的生物世界的形成奠定了基础。

【趣知识】

蓝藻或为移民火星提供可能

从呼吸的角度来说，蓝藻可以称为生命之源。如果把蓝藻作为外星移民的一种可能，你觉得可行吗？从目前来看，火星是人类移民最有可能的星球，其大气由95.3%的二氧化碳、2.7%的氮气、1.6%的氩气、0.15%的氧气等组成。人要想在其他星球上生活，首先要考虑的就是呼吸。所以，有科学家提出了一种让火星大气"地球化"的方法：在火星上建立生物群落，然后把地球上的微生物——蓝藻发送上去。火星上有充足的氮，是蓝藻的天然养料。生物群落可以制造氧气，经过长时间甚至是数万年的积累，最终使火星变成另一个"地球"。怎么样，想法是不是足够大胆？!

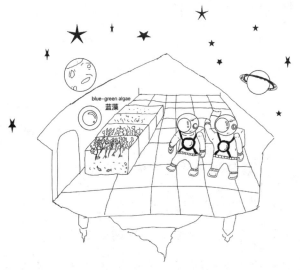

蓝藻或许可以为人类移民外太空提供必要的氧气

第二节　氧气的出现

从广义上讲，呼吸不一定非要氧气，比如前面述及的厌氧呼吸，氧气极低甚至没有氧气也可以完成气体交换以提供能量。但是，对生物进化来说，氧气的出现、氧气在大气中的不断"扩容"却意义重大。那么，氧气是从什么时候开始出现的？又是如何演化成现在的样子的？

科学家认为，地球形成于 46 亿年前，那是一个复杂的过程，涉及数百万年的碰撞和合并。在地球形成后的几亿年中，大气中主要包含二氧化碳、甲烷、氨和水蒸气等气体。这个时期的大气被称为地球的原始大气，其中几乎不含氧气。

大家知道，光合作用广泛存在于自然界，并且，光合作用是一种非常重要的生命过程，它为生物提供有机物质和能量，同时也向大气释放氧气，维护了地球上的生态平衡。你知道吗，在地球诞生后 10 多亿年，才有了光合作用。

地球上最早的生命体可能是一些微生物，如蓝藻，它们是最早进行光合作用的生物。蓝藻具备了能够利用太阳能进行光合作用的化学机制。在光能作用下，蓝藻首先将水分子分解成氢气（H_2）和氧气（O_2），氧气被释放到大气中；然后将吸收大气中的二氧化碳（CO_2），与氢气（H_2）化合形成葡萄糖（$C_6H_{12}O_6$）。

光合作用反应过程：

$$6H_2O + 光能 + 6CO_2 = C_6H_{12}O_6 + 6O_2\uparrow$$

使植物和微生物能够生长和繁殖。这是氧气开始积累在地球大气中的关键一环。

光合作用是地球上生命演化的一个关键里程碑，因为它不仅为生物提供了能量，还使氧气逐渐积累起来，改变了地球大气的气体成分。氧气的积累对地球上后续多细胞生物的演化和多样性产生了重要影响。

在蓝藻光合作用下，地球上的氧气含量不断积累增加，于是，爆发了第一次大氧化事件，时间是25亿—2亿年前。氧气是一种高度氧化性的分子，对许多生物来说是有害的。因此，科学家认为，大氧化事件可能导致一些生物种群灭绝，同时又促进了适应氧气的生物——真核生物（细胞含有线粒体）的诞生。这一事件对地球的生态系统和生命演化产生了深远的影响。

氧气含量的提升，使得大量比蓝藻更加高等的生命诞生成为可能。从厌氧呼吸到有氧呼吸，后者的呼吸方式更为高效，使得生命能更有效地利用能源，促进了生物体的复杂性和多样性的增加。凡有氧呼吸的动物（真核生物），其细胞内都有线粒体，它犹如细胞的"发电厂"，用葡萄糖等作为"燃料"，与氧气化合，产生供细胞活动的能量，以及水和二氧化碳，这种反应是光合作用的逆过程。

$$C_6H_{12}O_6 + 6O_2 = 能量 + 6H_2O + 6CO_2\uparrow$$

在第一次大氧化事件之后，地球并没有停止变化。事实上，地球的大气组成可能经历了两次大氧化事件。"第二次大氧化事件"可能发生在地球历史的前寒武纪后期，对地球的气候和生物演变产生了深远的影响。例如，大氧化事件可能导致了全球性的冰期，我们将其称为雪球地球。这个冰期对地球生命的演变产生了深远的影响，它推动了生命适应极端环境的能力发展，使生物能在更广泛的环境中生存。

　　大约在 6 亿年前，第一个多细胞海洋动物海绵出现了，随后是刺胞动物、软体动物等无脊椎动物和鱼类，最后是陆生动植物和高等生命。

　　随着氧气量的增加，植物开始从海洋向陆地"进击"。比如出现了依附在岩石上的苔藓，慢慢地，高等植物开始出现，然后灌木、乔木等树木开始登上生命的舞台，大气中的氧气含量进一步增加。

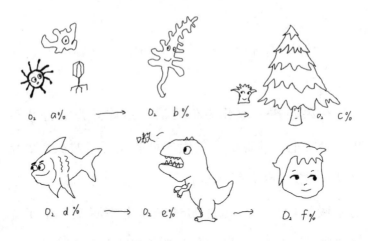

地球上氧气的含量是一个逐步变化的过程

　　在海洋中，同样随着氧气含量的不断增加，动物的生命形式越来越复杂。从最早的原始多细胞动物到原始节肢动物，再到原始蠕虫、原始软体动物，这些生命体利用原始的鳃或通过简单的扩散过程，从海洋中汲取氧气。在氧气的"加持"下，地球上的生命开始繁盛起来。

【趣知识】

什么是"雪球地球"？

"雪球地球"是一个用来描述地球某些时期的天文和地质现象的术语。它指的是可能在数亿年间，地球曾经进入一个极端的冰冻状态，地表被大规模的冰雪覆盖，几乎没有裸露的陆地。这是由多种复杂因素引起的，包括地球的自然气候循环、大气成分的变化、地球的运动以及其他环境因素。雪球地球时期通常被分为多个不同的阶段，每个阶段之间可能有数百万年的间隔。

第三节　从多细胞动物到哺乳动物的呼吸

在生命进化史中，最不缺的就是"里程碑式"的进化，几乎每一次分裂、每一个器官的生成都值得大书特书。如果说第一个藻类在混沌的、死寂的星球中诞生，意味着从 0 到 1 的进化，那么从单细胞生物到多细胞生物的进化，就是 1 后边第一个数字的出现。

在这一节里，我们将用较大篇幅分享鱼类的呼吸。这是因为在海洋中，从呼吸系统来看，它们发展出了一种高效利用氧气的循环系统；还因为从鱼类开始，出现了鳃——后来鱼类开始登陆，由用鳃呼吸进化成了用肺呼吸。科学家认为，肺的出现，是人类诞生的前提，也是我们人类之所以被称为陆地动物的前提。

蠕虫的呼吸

蠕虫是一种多细胞无脊椎动物。其呼吸系统逐渐演化，变得更加复杂，以满足更高的氧气需求。蠕虫体内气体交换的主要机制是通过皮肤呼吸来完成的。蠕虫的皮肤通常多孔且非常薄，氧气和二氧化碳穿过皮肤表面进行气体交换——氧气从外部环境通过蠕虫的皮肤渗透到体内，而二氧化碳则从体内排到外部。

正是因为这种特殊的呼吸机制，所以蠕虫需要生活在水中或特别潮湿的环境中，以保持皮肤始终处于湿润状态。如果环境干燥，蠕虫的皮肤将失去湿润，导致呼吸受到限制。这也影响了它们的体形大小，有科学家认为，蠕虫小小的身体可以确保足够的氧气能够渗透到身体内部。

不同种类的蠕虫有不同的呼吸方式，这要看它们的生活环境和生活方式。比如，蚯蚓就是一种常见的蠕虫，它们通过皮肤呼吸，并且在泥土中生活。其他蠕虫，如寄生在人体内的线虫，因为它们生活在宿主体内，很少接触空气，属于厌氧异养型，进行无氧呼吸。

蛤的呼吸

蛤蜊是很多人眼里无上的美味，别看它们有坚硬的贝壳，其实它们是软体动物，当然是比蠕虫更加高级的软体动物。蛤类生物的祖先在 5 亿年前就已经存在，是类似于古代腕足类动物的生物，这些生物生活在古代海洋中。腕足类动物是一类古老的软体动物，其特征是拥有贝壳和足的结构，这些特征在蛤类动物中也有所体现。

为适应水生环境，在演化的过程中，蛤类动物的祖先逐渐发展出外壳和鳃。这些特征使它们不仅能够在海洋中生存和繁殖，还可以进行气体交换和捕食。随着时间的推移，蛤类动物不断演化和分化，形成了今天多样的蛤类物种，包括蛤蜊、扇贝、牡蛎等等。

蛤类的鳃通常位于软体动物的内部，拥有了鳃，它们便可以通过水的流动来实现气体交换。蛤蜊通常保持其外套膜处于半开放状态，以便水能够流过鳃。蛤蜊的鳃结构非常丰富，具有大量的细丝，以便于氧气的吸收和二氧化碳的排出。溶解在水中的氧气随着水流通过鳃，被吸收到蛤蜊的体内，同时二氧化碳又从体内排放到水中。

鱼的呼吸

笔者年幼时生活在农村，当地盛产鲫鱼、鲢鱼和草鱼等野生鱼类。每逢大人们从沟沟坎坎里摸到这些鱼类，孩子们就会兴奋不已，那种劲头要甚于吃鱼时的美味带来的味蕾冲击。因为大人拾掇时，从鱼身体里掏出一个白色的、鼓鼓的、充满气体的东西，我们被告知，那是鱼鳔，是鱼的"肺"。然后我们再拿来把玩一下后，就放在地下，用尽全身的力气，集中到脚上，跺下去，听那一声脆响。

越来越多的证据表明，人类和鱼类有共同的祖先。所以，当我们研究人的身体器官时，鱼类的进化是不可绕过的。当然，我们现在的鱼和远古的鱼还是有很大的不同的。

地球上现存的三种鱼类分别是辐鳍鱼、软骨鱼和肉鳍鱼。物种最多的鱼类是辐鳍鱼，包括四大家鱼（青鱼、鲢鱼、草鱼和鳙鱼）、鲫鱼和鲤鱼等都属于辐鳍鱼，我们已经发现的辐鳍鱼物种数量在3万种以上。

软骨鱼，它的脊椎更像是软组织结构，不像我们看到的鲫鱼、鲤鱼等有一节一节的骨头。它们的代表是鲨鱼（好像一点都"不软"）。

从亲缘关系上讲，肉鳍鱼是最接近人类的鱼类，现在已经很少看到了。现存的肉鳍鱼仅有两种，一种是发现于南非的活化石——矛尾鱼，另一种是肺鱼。肉鳍鱼和今天所有的脊椎动物有着共同的祖先，其中肺鱼就是当年鱼类上岸过程中的中间形态，它们演化出了具有肺功能的鱼鳔，可谓原始肺。

肺鱼是一类特殊的鱼类，它的名称源自其进化的原始"肺"——似肺的鱼鳔。它们同时具有"肺"和鳃两种呼吸器官，因此可以在水中和空气中进行气体交换。它们可以通过"肺"进行空气呼吸，通常上升至水表面，吞下空气，将其储存在肺内。肺中的氧气随后通过肺壁渗透到血液中，为鱼体供氧。这使得肺鱼能够在水中氧气供应不足的情况下生存。

肺鱼的肺不仅用于呼吸，还可以用于控制浮力。通过调整肺内的气体量，它们可以在水中保持平衡或升降。这使得肺鱼能够轻松地在深海中漂浮或下潜，以适应不同深度的生活环境。除了肺，肺鱼也拥有鳃，这是它们进行水中呼吸的器官。鳃允许肺鱼在水中进行气体交换，将氧气吸入鳃，同时将二氧化碳排放到水中。肺鱼的肺和鳃使它们能够适应不同的生活环境。它们可以在不同的水体深度和氧气浓度下生存，从浅水区到深水区，从氧气丰富的水域到氧气稀缺的湖泊和河流中。

【趣知识】

那些具有"特异功能"的鱼

当下热门的短视频里，经常会看到这样的推送：明明已经在冰箱里被冻成"冰棍"的鱼，放入水中后，不大一会儿，竟然又复活了！难道这些鱼有特异功能？还是说这是魔术？其实都不是。这与鱼类特殊的呼吸方式有关。鳃是鱼类最主要的呼吸器官，大部分鱼类主要依靠鳃来呼吸，是专门适应水中呼吸的构造。除了用鳃呼吸，有些鱼还进化出了许多辅助呼吸的方式，鳃上器官和皮肤是其中较为常见的两种。

具有鳃上器官的鱼类有短暂离水生活的能力，在离水之后只要保持呼吸器表面湿润就可以呼吸。1994 年日本科学家研究了冷藏状态下的鲤鱼，发现鲤鱼在低温空气中借助皮肤来呼吸，在 3 小时内可以维持 100% 存活率。所以，的确是眼见为实，视频中鱼的特异功能，也没有什么可大惊小怪的。

蝾螈的呼吸

后来，肉鳍鱼类进化成了两栖动物，如蛙类和蝾螈。蝾螈是一类古老的两栖动物，它们生活在地球上已有二三亿年。它最广为人知的是其再生能力，它们可以再生出失去的四肢、尾巴，修复受损的眼睛和心脏组织。蝾螈是两栖动物，这意味着它们能够在水中和陆地上生活。这种生活方式需要一种特殊的呼吸方式，以适应不同的环境。

蝾螈具有与其他两栖动物不同的呼吸方式，即皮肤呼吸。它们的皮肤非常薄且血管丰富，这使得它们能够通过皮肤表面进行气体交换。在水中，蝾螈可以吸收氧气并排出二氧化碳，就像鱼类一样。因此，蝾螈通常生活在湿润的环境中，干燥的环境可能会对它们的生存造成威胁，因为皮肤干燥后无法有效地进行气体交换。蝾螈不仅依赖皮肤呼吸，还具有肺部呼吸的能力。它们的肺部结构相对简单，但足以在陆地上呼吸空气。两种呼吸方式使得蝾螈能够在水陆两栖的生活环境中充分适应。

蝾螈在发育过程中会经历两个阶段：幼体阶段和成体阶段。幼体阶段的蝾螈通常生活在水中，使用鳃呼吸；成体阶段的蝾螈通常生活在陆地上，使用肺和皮肤呼吸。

蝾螈奇妙的呼吸机制代表了生物演化的精妙之处。它们的两种呼吸方式使其适应了多样的生活环境，从淡水湖泊到森林底层，甚至城市公园的池塘中。

【趣知识】

头顶"圣诞树"的蝾螈

网纹鳗螈（Siren reticulata）是美国科学家在 2009 年新发现的一种蝾螈。它生活在美国东南部阴暗的沼泽及溪流和池塘底部，很难被人发觉。与众不同的是，它们的头顶上长着像圣诞树一样的器官，这可不是用来装饰的，而是用来呼吸的。科学家认为，网纹鳗螈的鳃和肺进化得不是很完美，肺不如陆地动物，鳃不如鱼。这种蝾螈在水底待的时间比一般蝾螈要长很多，而且都躲在阴暗的角落里，因此它的鳃进化成了现在的形状，是为了多吸收一点水中的氧气。

头顶"圣诞树"的蝾螈

恐龙的呼吸

上文谈到，肉鳍鱼类进化成了两栖动物，两栖动物又演化成了爬行动物，爬行动物的进化可以脱离水环境呼吸。现有的化石证据表明，数亿年前统治地球的恐龙正是由爬行动物进化而来的。

很多恐龙因其庞大的体型而被人所熟知，特别是对孩子们来说，恐龙成为他们童年记忆中不可抹去的色彩。暴龙、三角龙、雷龙……很多孩子还不识字的时候，就已经能说出并准确地判断出图画书中很多恐龙的种类。不过，很多人可能并没有意识到，支撑恐龙如此庞大身躯的，除了其身体结构外，还因为其有非常发达的呼吸系统。

恐龙的肺不同于哺乳动物，而更接近现代鸟类的肺。与现代鸟类一样，恐龙拥有高度发达的肺部和辅助呼吸的中空骨骼，这样使它们能够有效地吸收氧气并排出二氧化碳。这个中空的骨骼像鸟类的气囊。恐龙具有空气袋系统，这些气囊位于其体内，与肺一起协助呼吸。这种系统在现代鸟类中也有存在，可以帮助它们在飞行时保持轻巧和高效。

　　与哺乳动物不同的是，恐龙的呼吸是主动的。它们通过扩张和压缩胸部来推动空气进出肺部，而不是通过膈膜的收缩。这种呼吸方式使恐龙能够更有效地将氧气输送到全身。

　　它们的高效呼吸方式使它们能够在地球上繁衍生息了近 1.7 亿年，并能支撑起其巨大的体型和较为长寿的生命。尽管它们的呼吸系统在生存和繁衍中发

恐龙高效的呼吸方式是它们统治地球数千万年的条件之一

挥了关键作用，最终，恐龙也难逃于白垩纪末期的大灾难。

鸟的呼吸

脊椎动物演化史中最为"震撼"的事件之一就是亿万年前的陆地霸主恐龙进化成为展翅飞翔的鸟。越来越多的证据证明了这一点。恐龙在侏罗纪时代繁荣，它们都在 6600 万年前的灾难中灭绝。而由小型兽脚类恐龙进化来的鸟类躲过此劫。有专家认为，这很可能是它们的新家园——天空——提供了新的生态位和空间，它们的呼吸系统发挥了重要作用。

美国科普作家迈克尔·J. 史蒂芬在其著作《基因、病毒与呼吸》一书中讲到这样一件事：

> 《呼吸生理学精要》的作者、肺医学领域的一流教育家约翰·韦斯特曾在 1960 年和他的研究团队在珠穆朗玛峰地区待了 6 个月，当时地处 5700 多米的高海拔地区，除了人

类，几乎看不到其他生命体。

因为高原反应而极度虚弱的韦斯特走出帐篷，仰望天空时，忽然发现距其6000多米的高空飞过10多只棕褐色的大雁。韦斯特不禁惊叹，在这样的高度，人类的呼吸已经非常困难，而鸟儿却能自由地翱翔在高空——他把这归因于鸟类与众不同的肺部。这也引发了他对鸟类呼吸的关注，并进行了很多卓有成效的研究。

鸟类比人类能适应更恶劣的环境，是因为其有别于人类的特殊呼吸机制。鸟类除具有肺外，还有气囊，是从肺壁凸出而形成的薄膜气囊，它们一直伸展到内脏间、肌肉间和骨骼的空腔中。这些气囊不仅用于储存空气，还用于调节呼吸。鸟类在空中飞行，吸气时，一部分空气在肺里进行气体交换后，进入前气囊，另一部分空气经支气管直接进入后气囊；呼气时，前气囊中的空气直接呼出，后气囊中的空气经肺呼出，同时在肺里进行气体交换。这样在一次呼吸过程中，肺内就进行了两次气体交换，所以鸟类的这种呼吸机制被称为双重呼吸。这意味着鸟类在吸入和呼出空气时，空气在肺部的流动方向与哺乳动物相反。这种方式使得鸟类的肺部保持通畅，氧气和二氧化碳的交换更加高效。这也就解开了韦斯特的疑问：它们的呼吸系统具有强大的调节功能，可以在需要时提供更多氧气。高空中的氧气浓度较低，但鸟类可以通过加速呼吸来应对这一挑战。

尽管所有鸟类都有相似的呼吸系统，但不同种类的鸟类在呼吸方面会有一些微妙的差异。比如猛禽类，像鹰和隼，具有更强大的呼吸功能，使它们能够在飞行中追逐猎物；海洋鸟类，如信天翁，可以在长时间的飞行中有效地利用储存的氧气；等等。

【趣知识】

鸟类特殊的呼吸机理启发了哪些人类发明？

鸟类的双重呼吸方式以及气囊系统启发了医

疗设备的发展，如人工呼吸器。这些设备可以模仿鸟类的呼吸机制，为患者提供氧气，帮助他们呼吸，尤其在急救和重症监护中发挥重要作用。

鸟类的呼吸系统启发了设计用于储存和分配气体的系统。这些系统可用于空间探索、实验室研究和工业应用，如气体储罐和管道。鸟类的呼吸适应性还启发了开发用于高海拔和极端环境的设备，如高山攀登用的氧气设备和太空探测器中的气体调控系统。

另外，气囊系统的原理被应用于室内气生植物的栽培系统，帮助植物在有限空间内获得足够的氧气，促进其生长。

昆虫的呼吸

昆虫，地球上最多样化和数量最多的生物群体之一，是由节肢动物的一支进化而来的。我们很难用一篇短文来详细描述出其呼吸系统的运行机理，这里只想让大家了解一下它们呼吸系统特别有意思的地方。

在昆虫的胸部和腹部，通常有一堆气孔，它们的呼吸系统就是始于身体表面的这些微小孔洞。气孔分布在昆虫的外骨骼上，是它们与外界环境进行气体交换的入口。气孔是一种复杂的管道系统，连接到气管或者器官系统。而这些气管则延伸到昆虫的体内，将氧气传送到昆虫的各个细胞。

气管导管是气体交换的关键部分。在气管系统内，气管分支成细小的管道，最细小的部分被称为气管导管，它们与昆虫的细胞直接相连。在这里，氧气通过扩散进入昆虫的细胞，与细胞内的线粒体一起参与新陈代谢，并产生能量。同时，二氧化碳通过扩散离开细胞，最终返回到气管系统中。

这一过程非常高效，因为它可以不通过血液循环而将氧气直接输送到细胞。这使得昆虫能够在相对较小的体积内获取足够的氧气，以适应各种生态环境。

为了适应环境，昆虫需要控制气体的交换速率，这一过程是通过调节气孔的开合来实现的。比如在干燥或干旱条件下，它们会关闭气孔，以减少水分的蒸发和流失；而在飞行或运动时，因为需要更多氧气，它们会打开气孔以增加气体的交换。

不论是在溽暑多雨的热带雨林，还是干旱燥热的非洲草原，昆虫可以说无处不在，它们能适应各式各样的环境，特殊的呼吸系统可以说"功勋卓著"。当然，不同种类的昆虫，在呼吸方面也可能有一些微妙的差异，以适应它们的生活方式和生态角色。然而不管怎样，我们都应该发出惊叹，这些小小的气孔、气管和导管的系统背后蕴含着自然界怎样伟大的设计。

哺乳动物的呼吸

哺乳动物是由似哺乳类爬行动物演化而来的，经历了数亿年的进化，其演化历程非常复杂，并适应了各种生态环境，形成了多样的物种。正是由于其复杂性和多样性，所以，即使同属哺乳动物，很多动物与人类仍有不一样的呼吸系统。这里我们简单分享一下几种哺乳动物的呼吸系统。

鲸是一种水生的哺乳动物，它们需要在水下呼吸。鲸有与人类一样的双肺，但它们的肺可以储存大量的氧气。其呼吸开始于头部的气孔——也就是鲸的鼻孔，这使得鲸可以在水面上呼吸，而不必完全浮出水面。鲸可以控制气孔的开合，以防止水进入呼吸道。当鲸在水下时，氧气通过肺部的气囊和组织进入血液中，然后分布到身体各个部分，二氧化碳通过相同的途径排出。这种适应性允许鲸在深海中追逐猎物，并能在水下维持长时间的潜水。

鲸跃出水面通过鼻孔呼吸

蝙蝠是唯——一种可以飞行的哺乳动物，为了满足高空飞行的需要，它们具有较高的呼吸频率。在休息时，呼吸速率通常比较缓慢，每分钟 5 次到 20 次。而在飞行时，呼吸速率显著增加，通常每分钟 100 次以上。这使它们能够有效地获取氧气，并满足能量需求。它们体内和呼吸相关的肌肉也非常发达，特别是膈肌和胸部肌肉，这些肌肉协调运动以支持飞行时的呼吸。为了容纳发达的肌肉，它们的胸腔相对较为宽阔。蝙蝠的气管和支气管相对较宽，以减少呼吸阻力，使气体更容易进入肺部。蝙蝠的胸腔和腹腔内都有气囊，这些气囊都用来储存氧气，腹腔气囊与胸腔气囊协同工作，使蝙蝠能够在空中长时间飞行而不需要频繁地吸入新鲜空气。

树懒为了满足树上生活，它的呼吸系统尤其独特。树懒通常会以头朝下的方式挂在树枝上，这对于它们的呼吸有一定影响。它们的肺部具有多个分隔物，这可以防止重力压迫肺部，从而使树懒能够在树上悬挂时正常呼吸。

第二章

呼吸的过程

肺是连接人体与空气的桥梁，人类需要通过肺来获取生存所需的活力。

——迈克尔·J.史蒂芬（美国肺医学家，著有《基因、病毒与呼吸》）

　　暮春的一天中午，我焦急地等待在产房门口，随着产房内一声清亮的啼哭，悬着的心终于放下。这是我们的第一个孩子，一个6斤4两的小生命。我知道，当他发出第一声啼哭时，意味着他脱离母体，开始自主呼吸的过程。

　　在子宫里，胎儿通过胎盘和脐带与母体联系在一起进行气体交换，获取氧气和排出二氧化碳。在出生那一刻，通过肝脏和心脏的导管关闭，来自母体的氧气被阻断了。这时，充满羊水的肺必须在婴儿呼吸的瞬间膨胀充气，肺泡第一次打开。随着婴儿的第一次呼吸，肺吸收了其中的液体，并从大气中吸收氧气。在这短短几秒钟内，婴儿完成了肺部从充满液体到充满空气，从休眠到启动的过程。

第一节　呼吸系统的构成

美籍奥地利理论生物学家 L.V. 贝塔朗菲是一般系统论的创始人。按照他的观点，人体是一个复杂的系统，各个器官和组织相互关联、相互影响，共同构成了一个完整的有机体。人体的各个组成部分之间存在相互作用和相互影响的关系，这种相互作用远比各个组成部分单独作用相加的总和要更加复杂和有序。因此，研究人体的结构和功能，要从系统论的角度来进行。

巧合的是，因为授课的原因，我在讲授传播学课程时，涉及传播学学科的建立，系统论是该学科的奠基性学说之一（系统论与控制论、信息论一起在传播学领域被称为"三论"）。结合我所在的中医药大学的背景，我就该问题请教了几位在理论和实践上都颇有建树的中医学老师。他们的解释为我理解系统论打开了一扇新的大门。

中医系统论认为人体是世界上最复杂的系统，其整体复杂性比一般系统论总结的"整体＞部分之和"还要深刻。我国古人经过几千年的观察研究、实践总结等，认识到人的复杂性，从而总结出对人与自然的关系、人与疾病的关系等方方面面的思考，形成了中医药学。中医药学理论如元气论、阴阳学说、五行学说等都蕴含着系统论思维。

众所周知，人体有八大系统：运动系统、神经系统、内分泌系统、循环系统、呼吸系统、消化系统、

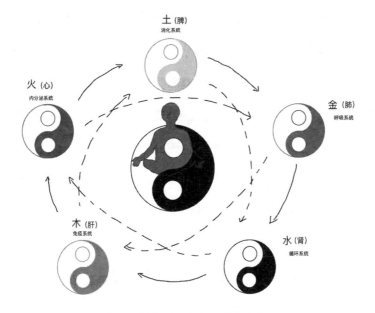

中医思维中的人体与世界的关系

泌尿系统、生殖系统。这些系统协调配合，使人体内各种复杂的生命活动能够正常进行。

呼吸系统是由哪些器官构成的呢？

鼻腔

鼻腔是呼吸开始的地方，是呼吸系统的第一站，负责迎接外界的空气。鼻腔内覆盖着柔软的黏膜，有助于过滤空气中的微尘、细菌和其他杂质。它就像一道屏障，保护着我们的呼吸系统免受外界的侵害。它有能力调节呼吸进入体内的空气。当冷空气进入鼻腔时，它会在这里得到温暖的"呵护"，以适应我们的体温。同时，鼻腔中的黏液会使空气湿润，防止呼吸道过度干燥，从而创造一个理想的气体交换环境。

当然，我们也不能忽略鼻腔的另一个功能：嗅觉。嗅觉感受器细胞分布在鼻腔上部，它们敏锐地捕捉着空气中的气味分子。通过这个神奇的过程，我们能够感知到各种香气，从花朵的芬芳到美食的诱人香味。

一个鼻孔有多少根鼻毛？

鼻毛是我们身体自我防护的一道天然屏障，不过，有的人因为鼻毛过长感觉有碍观瞻而选择拔掉一些太长的鼻毛。那么，问题来了，一个鼻孔有多少根鼻毛？

2023年，加州大学有一团队对这个问题进行了研究。他们选择了男、女各10人作为研究对象，认真仔细地数了数每个鼻孔中的毛数，还测量了上侧、侧边和下侧鼻孔处的毛长。结果发现，每个鼻孔平均拥有120根左右的鼻毛，长度通常在0.81厘米至1.035厘米之间。当然，鼻毛最大的作用还是保护鼻腔，阻挡粉尘和细菌。空气中的灰尘和细菌含

科学常识告诉我们，鼻毛还是不拔为好

量较多，而鼻毛会对粉尘和细菌进行初步的过滤及阻隔，避免有害物质进入鼻腔及呼吸道，防止引起呼吸系统疾病。了解到以上内容后，你会扔掉手里的鼻毛（电动）修剪器吗？

喉咙（咽喉）

战国时期的中医理论书籍《灵枢·忧恚无言》中说："喉咙者，气之所以上下者也。"这句话说明了喉咙在呼吸系统中的重要性。

喉咙是食物和空气进入呼吸道和食管的通道，也是呼吸系统与消化系统之间的重要连接点。在吞咽时，喉咙的咽部活动将气道与食管分开，确保空气进入气管，食物进入食管，实现了呼吸和进食的协调。从呼吸系统来看，喉咙是呼吸道的一部分，喉咙中的喉返神经是呼吸的关键调控者，当我们感知到有害刺激时，喉返神经会引发喉咙的痉挛，迫使我们咳嗽以清除可能的危险物质。比如当我们受到空气中微尘、细菌等有害物质的威胁时，黏膜分泌物和喉咙的咳嗽反射协同工作，以将这些物质排出体外，维护呼吸道的清洁。

鼻、咽、喉被合称为上呼吸道；气管、支气管和肺部器官，合称为下呼吸道，或称为气管树。

气管和支气管

气管是一条位于颈部的弯曲的软骨管，连接喉咙和肺部。男女气管的长度和直径有别，成年男性平均气管长约 15 厘米，女性平均长约 12.6 厘米；成年男性气管平均直径约 16.6 毫米，女性约 13.5 毫米。这些软骨由 16 ～ 20 个软骨环组成，看上去酷似一根洗衣机排水管，由半环状软管与膜部连接而成。环的弹性使得气管能够自由伸缩，适应不同的呼吸需求。

气管进入胸腔后分成两个支气管，分别进入左肺和右肺。左主支气管细而长，平均长 4 ～ 5 厘米；右主支气管粗而短，平均长 2 ～ 3 厘米，经右肺门入右肺。气管内异物容易落入右主支气管。在肺内，支气管继续分支成更小的支气管，直至到达肺部的末梢。

这个分支的过程有点像树状分布，确保气体能够到达肺部的各个角落。

【趣知识】

气管异物为什么容易进入右侧支气管？

气管支气管异物是指异物进入、停留或嵌顿于气管或支气管内的状态，导致呼吸道的异物阻塞或刺激。这些异物包括各种颗粒、食物碎片等，它们进入呼吸道后可能引发一系列问题。为什么异物会比较容易进入右侧支气管呢？这是因为，左右两侧的支气管与气管的夹角并不是对称且一样的，左侧支气管细而长，角度在40°～45°；右侧支气管短而粗，角度在20°～30°，角度更小且直，所以异物一旦进入容易垂直掉入气管中，并容易到右侧。据统计，气管、支气管异物案例中，有75%发生于2岁以下的儿童，当然，成人有时也有发生。

肺

空气从鼻腔进入，途经喉咙，再进入气管和支气管后，来到了最重要的一站——肺。肺是呼吸系统最主要的器官，是我们身体的空气花园或空气交换中心。肺位于胸腔，左右各一，覆盖于心脏之上。

每个肺左右各有肺叶，右肺分为三个叶（上叶、中叶、下叶），而左肺分为两个叶（上叶、下叶）。每个叶都包含一组小的支气管和血管。肺部左右各分叶是由类似海绵状的组织构成，具有非常大的内表面，这些内表面就是气体交换的场所。肺上端钝圆，叫肺尖，下端叫肺底。左肺由斜裂分为上、下叶两个部分，右肺由水平裂、斜裂分为上、中、下叶三个部分。支气管、血管、淋巴管和神经出入处叫肺门，这些出入肺门的结构，被结缔组织包裹在一起，叫肺根。

如果把肺比喻成人体的空气花园，那么，肺叶就是花园中的花，每个花都是一个肺叶，吸收着空气中的养分。这些花（肺叶）是由细小的血管和气管组成的，通过它们，我们实现了身体与空气的交换。

肺泡是肺的最小功能单位，是由单层上皮细胞构成的半球状囊泡，也是气体交换的场所。它们被细小的血管包围着，通过肺泡的薄壁，氧气进入血液，而二氧化碳则从血液中排出。肺中的支气管经多次反复分支成无数细支气管，它们的末端膨大成囊，囊的四周有很多突出的小囊泡，即为肺泡。肺泡的大小形状不一，平均直径0.2毫米。成人有3亿～4亿个肺泡，总面积近100平方米，约是人皮肤表面积的50倍。

【趣知识】

肺会被气炸吗？

"被你气死了！""肺被气炸了！"这种非常情绪化的表达，我们经常听到。不过，千万别以为只是"说说而已"，我们的肺，真有可能被气炸或者笑炸。

肺被"气炸"，医学上称为自发性气胸，主要是因为肺破裂后里面的气体跑到了胸膜腔里。一般情况下，人体的肺组织外面被两层胸膜——

在某些情况下，我们的肺真有可能被"气炸"

壁层胸膜和脏层胸膜保护着。这两层胸膜间的胸膜腔是一个不含气体的密闭性腔隙，胸膜腔的负压状态有利于正常的呼气、吸气和心脏的泵血。在剧烈咳嗽或运动、情绪激动等外力刺激下，容易导致肺组织里的肺大疱破裂。此时气体会进入胸膜腔，致使胸膜腔内的压力升高，负压减少或变成正压，使肺脏被压缩，静脉回心血流受阻，产生不同程度的肺、心功能障碍，并出现呼吸困难、胸痛、干咳等症状，严重时甚至导致呼吸和循环衰竭，危及生命。

鼻、喉咙、气管和支气管、肺等，共同构成了人体的呼吸系统。正如本节开篇所重点强调的一样，作为一个有机协调实现复杂机能的系统，这些部分协同工作，构成了复杂而精密的呼吸系统，确保氧气进入血液，二氧化碳从血液中排出，维持身体的气体平衡。每个部分都有着特定的结构和功能，共同保障呼吸过程的顺利进行。

第二节　呼吸的机理

《庄子·外篇·刻意》中说："吹呴呼吸，吐故纳新。"原意指的是人体呼吸，吐出二氧化碳，吸进新鲜空气。一呼一吸之间，完成了气体交换的过程。那么，在这个简单的动作中，蕴含着怎样的运动机理呢？

我们的呼吸是一个看上去极其简单但实际上非常复杂的过程。当我们漫步在田间小路时，呼吸是匀速且平稳的；当我们在进行剧烈运动时，呼吸是急促且剧烈的。我们的呼吸速率几乎可以在瞬间因压力或兴奋而改变，甚至我们在感受到这种情绪波动时，就开始做出了调整。而且呼吸与进食、说话、笑和叹息等其他行为之间如此协调，以至大家可能从未注意到呼吸可以通过调整来适应这种变化。

　　有人形容，每一次呼吸都是肺、肌肉和大脑的交响曲。诚哉斯言，人类的呼吸由大脑中的呼吸中枢控制。呼吸中枢是指中枢神经系统内产生呼吸节律和调节呼吸运动的神经细胞群。呼吸运动的频率、深度、吸气时间和呼吸类型等均受到来自呼吸器官自身，以及血液循环等其他器官感受器传入冲动的反射性调节。一般情况下，人体靠脑干进行"自主呼吸"，不需要意识参与。

　　呼吸中枢就像是一位指挥家，主导着呼吸的节奏。它生成呼吸节律，规定人体每分钟呼吸的次数。这种固有的节律性活动是呼吸的基石。氧气和二氧化碳的平衡是呼吸中枢的主要关切。当体内氧气水平降低或二氧化碳水平升高时，呼吸中枢迅速响应，调整呼吸深度和频率，以维持这一平衡。这个调控机制确保了身体对氧气的需求和对二氧化碳的排出能够适应不同的生理和环境条件。

和呼吸中枢相关的有两大化学感受器：主动脉体和延髓感受器。主动脉体感知氧气水平，延髓感受器负责监测血液中的二氧化碳、氧气和氢离子水平。当动脉血氧分压降低、氧分压或 H^+ 浓度升高时，这些变化会刺激主动脉体和颈动脉体，使其产生冲动，分别经窦神经和迷走神经传入延髓。这些冲动再经迷走神经传入纤维将冲动上传至延髓，反射性地引起呼吸加深、加快。这种化学感受性反射在调节呼吸运动中起着非常重要的作用，使呼吸运动能适应身体的需求和环境的变化。

呼吸中枢通过神经元的协同作用，将指令传达到呼吸肌——膈肌和肋间肌。当呼吸中枢发出吸气指令时，这些肌肉协同收缩，扩大胸腔，让空气充实肺部。呼吸中枢通过神经系统控制呼吸的频率，调整膈

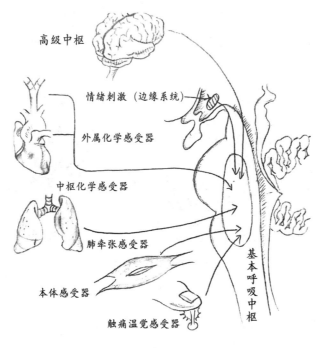

高级中枢

情绪刺激（边缘系统）

外属化学感受器

中枢化学感受器

肺牵张感受器

本体感受器

触痛温觉感受器

基本呼吸中枢

呼吸系统的调节过程

肌和肋间肌的活动来实现。膈肌和肋间肌的收缩程度则决定了呼吸的深度。

在健康人的正常通气过程中，仅膈肌一项就能完成将气体吸入和呼出肺部。膈肌是位于胸腔和腹腔之间的圆顶状的肌肉纤维分隔，是主要的吸气肌。膈肌是由两个单独的肌肉组成的，称为左右半膈肌。左右半膈肌源于腰椎、肋缘和剑突，在中线合成一片结

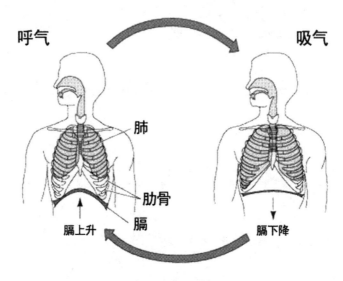

呼气　　　　　　　　　　　　　　吸气

肺

肋骨

膈

膈上升　　　　　　　　　　　　　膈下降

膈肌收缩放松示意图

缔组织，称为中央肌腱。位于胸腔底部的膈肌就像一
张巨大的橡皮膜，当人体准备吸气时，膈肌会迅速收
缩，扩大胸腔，让空气有了更多的空间。在正常平静
呼吸中，仅是膈肌（或膈肌和肋间外肌）的收缩，就
能触发安静时吸气。当膈肌受到刺激收缩时，膈肌
向下移动，使胸腔上下径变长，下肋骨向上和向外
移动，从而增加胸腔的容积，降低胸腔内压和肺泡内
压，最后大气中的气体就会流入肺部。呼气时，膈肌
放松并向上移动，使胸腔上下径变短，增加胸腔内压

和肺泡内压，导致气体流出肺部。

　　而在剧烈运动后或者慢性阻塞性肺疾病的晚期，辅助吸气肌和呼气肌可以被激活以协助膈肌。它们可以进一步扩大胸腔，这就好像是给肺部打开了一扇通往清新空气的门。以肋间外肌为例，其起于每根肋骨下缘，并止于下方肋骨上缘。前部纤维向下和向内侧延伸，后部纤维向下和横向延伸。肋间外肌在吸气时收缩，将肋骨向上和向外提拉，增加胸腔的前后侧径（与肋间内肌起拮抗作用），从而增加肺容量，防止过度用力吸气时肋间间隙的收缩。而像斜角肌、胸锁乳突肌、胸大肌、斜方肌等，它们和肋间外肌一起，被称为辅助吸气肌，收缩时协助膈肌在肺中产生负压来实现充分的吸气。

　　腹直肌、腹外斜肌、腹内斜肌、腹横肌、肋间内肌则被称为辅助呼气肌，它们在气道阻力显著升高时被激活来协助呼气。当腹直肌、腹外斜肌、腹内斜肌、腹横肌这四对辅助呼气肌收缩时，腹部压力增加，推动膈肌进入胸腔，胸膜内压增加，从而气体流量增加。肋间内肌收缩，将肋骨向下和向内拉，减少胸腔的前后侧径（与肋间外肌起拮抗作用），从而减少肺容积和抵消过度呼气时肋间隆起。

这两组肌肉的协同工作使得呼吸成为一个自如而连贯的过程。这种呼吸运动不仅满足了氧气的需求，还帮助它排除体内产生的二氧化碳。

当我们开始第一次呼吸时，肺泡就开始了见证生命历程的过程。每个肺泡都是一个微小的囊泡，由薄而柔软的肺泡壁包裹着，这种设计使得肺泡非常适合进行气体交换。肺泡周围环绕着密集的毛细血管网络，这里为气体交换提供了理想的场所。当人体吸气时，空气中的氧气通过气道抵达肺泡。在肺泡壁上，氧气穿越薄薄的屏障，进入周围的毛细血管。在肺泡壁与血液中，氧气与血红蛋白相遇，进行结合。这标志着氧气成功进入了血液，为身体各处提供能量。同时，血液中的二氧化碳经过毛细血管壁，进入肺泡。这一过程不停地发生，随着呼吸的进行，氧气被输送到身体各处，而二氧化碳则被排出体外。

高原反应和呼吸有什么联系？

大家对高原反应并不陌生。当长期生活在低海拔的人在短时间内来到高海拔地区时，就容易产生高原反应——由于机体对缺氧环境的适应不足而出现的一系列生理和心理反应。这是因为随

海拔越高，大气中含氧量越低，我们的呼吸就越困难

着海拔的增加，大气气压和氧气浓度都减小。在高山上，相同体积的空气中包含的氧气分子数量较低，导致人体吸入的氧气量减少。低气压会影响人体内部的气体分压，从而影响气体交换的效率。这可能导致更多的二氧化碳被携带到肺部，从而增加呼吸的负担。由于氧气稀薄，人们需要更深、更频繁地呼吸来满足身体对氧气的需求，这会导致呼吸困难和增加呼吸肌肉的工作量。

第三节　呼吸系统的作用

前文述及呼吸系统的结构和呼吸系统运行的机理，都在强调一个过程：呼吸是人体与外界环境进行气体交换的过程，吸入氧气排出二氧化碳。相对于人体精妙的、有机的结构而言，这样两句话来形容显然避免不了草率之嫌。那么，我们为什么需要氧气？呼吸系统对于人体，究竟有何种作用呢？

《黄帝内经》中将肺称为"相傅之官"。相，视也，通过查看、估量做出正确选择；傅，相也，辅佐之宰相。"相傅之官"也就是指古代君王的重要辅佐官员，担任着辅佐君主、决策执行等重要职责。由此不难看出中医对肺之定位。

中医理论认为，肺有主气、司呼吸，主宣发、肃降，通调水道以及朝百脉、主治节的功能。肺的主气、司呼吸指肺具有主持和调节人体之气的作用，从自然界吸入清气（氧气），呼出体内的浊气（二氧化碳），吸入自然界的清气（氧气）与脾胃所运化的水谷精气在肺相合生成宗气，贯心脉以行心血；司呼吸不仅能辅心行血，而且主持和调节了全身各脏腑组织器官之气，对全身的气机具有调节作用。肺的主宣发、肃降：主宣发是指肺气具有向上宣和向外布散的作用；肃降，是指肺气向下的通降和使呼吸道保持洁净通畅的作用。肺的通调水道指的则是通过宣发和肃降作用对于体内水液的运行、输布和排泄起着疏通和调节作用。肺的朝百脉、主治节则是指全身的血液都经百脉汇聚于肺，经过肺的呼吸，进行体内外的气体交换，然后将富有清气的血液输送到全身；主治节，是指肺具有辅助心脏、治理调节全身气血津液及各脏腑组织生理功能的作用。

呼吸与能量

不管是吃饭睡觉还是工作运动，我们都需要消耗能量，能量主要来自碳水化合物、脂肪和蛋白质。碳水化合物是人体最主要的能源来源。当我们食用含有淀粉和糖的食物时，身体会将其分解为葡萄糖。葡萄糖进入血液，供给身体各个细胞，尤其是大脑和肌肉，以产生能量。

脂肪是一种高效的能源储备形式，身体通过将脂肪分解为脂肪酸和甘油来获取能量。脂肪的氧化产生的能量相对较大，尤其是在长时间的低强度运动和饥饿状态下。

蛋白质主要作为身体的建筑材料，但它也可以在能量不足时被分解为氨基酸，供给身体以产生能量。通常情况下，身体更倾向于使用碳水化合物和脂肪来满足能量需求，而将蛋白质留给更基本的生化功能。

氧气本身并不直接提供人体能量，然而在呼吸和氧化过程中，氧气直接参与了能量的产生。人体从食物中摄取的碳水化合物、脂肪和蛋白质在氧气的参与下产生氧化反应，从而产生能量。

因此，呼吸系统的首个重要的作用就是参与人体所需能量的生产。因呼吸而获得的氧气的主要作用是在有氧呼吸中，作为氧化过程的最终受体，帮助人体有效地从食物中提取能量。没有足够的氧气，细胞将无法进行完全的有氧呼吸，导致产生乳酸等代谢产物，同时能量产生的效率也会降低。所以，氧气在维持人体能量代谢和正常生理功能中发挥着至关重要的作用。

呼吸与身体酸碱平衡

呼吸系统还扮演着身体酸碱平衡的调节师角色。酸碱平衡是指体液中氢离子（H^+）和碱性离子的浓度维持在一定范围内，以确保正常的生理功能。当细胞产生能量时，会产生二氧化碳。这些二氧化碳通过血液运输到肺部，然后通过呼吸作用排出体外。二氧化碳与水反应生成碳酸，而碳酸可以分解成氢离子（H^+）和碳酸根离子（HCO_3^-）。这个反应的方向受到呼吸的调控。呼吸系统通过调节二氧化碳（CO_2）的排泄，影响体内的碳酸平衡，从而参与了酸碱平衡的调节。

酸碱平衡的维持对于蛋白质的结构和功能、酶活性、离子平衡等生理过程至关重要。过度的酸或碱会影响这些生理过程，导致身体的不适和疾病。通过调整呼吸深度和速率，它能够影响二氧化碳的排放，从而维持体内的酸碱平衡。深呼吸可以减少二氧化碳的积累，而快速地呼吸则有助于将更多的二氧化碳排出体外。血液中的 pH 值是反映酸碱平衡的指标，人体血液 pH 值的正常范围为 7.35 ~ 7.45。血液 pH 值低于 7.35 时，呈偏酸性，呼吸系统会增加呼吸深度，以排出更多的二氧化碳，减少体内的碳酸。相反，血液 pH 值高于 7.45 时，呈碱性，呼吸系统会减少呼吸深度，使体内的碳酸增加。

【趣知识】

"碱性体质""酸性体质"的说法有道理吗？

　　大家经常听到人的"碱性体质"和"酸性体质"的说法，比如"碱性体质"更容易生男孩，"酸性体质"更容易患癌等说法。其实，人体的酸碱平衡是一个复杂而微妙的生理过程，涉及多个生理系统的协同调节。血液的酸碱平衡主要由碳酸氢盐－二氧化碳系统、蛋白质缓冲系统和肾

无论中医还是西医，都没有"酸碱体质"的说法

脏调节系统共同维持。人体正常的 pH 值范围通常在 7.35 ～ 7.45 之间，略偏向碱性。"碱性体质"这种说法并非科学上常用的术语，而且它可能容易引起一些误解。通常，人们更倾向于使用"酸性"或"碱性"来描述体液的性质，而不是用于描述整个身体的状态。所以，无论是西医还是中医，都不存在"酸碱体质"的说法，也没有酸碱性食物的划分，所谓"酸性体质是万病之源""补充碱性食物可恢复健康"的观点均是伪科学。

呼吸与免疫

免疫与呼吸之间也存在密切的关系。呼吸系统是人体与外界进行气体交换的主要通道，而免疫系统则是人体抵御病原体入侵的重要防线。呼吸系统通过鼻腔、咽喉、气管和支气管等组织形成了一个防御屏障，阻止大多数病原体（如细菌、病毒、真菌）进入体内。此外，呼吸道上皮细胞分泌黏液和纤毛运动也有助于清除吸入的微生物。

呼吸道中有多种免疫细胞，如巨噬细胞、淋巴细胞和上皮细胞。这些细胞在检测到病原体时能够发挥免疫功能，包括吞噬病原体、分泌抗菌物质以及激活免疫应答。呼吸道黏膜中存在免疫球蛋白A（IgA），它是一种免疫系统产生的抗体。IgA能够阻止病原体附着和入侵呼吸道黏膜。

免疫系统的失调可能与呼吸道疾病有关，如哮喘、慢阻肺疾病（COPD）等。在这些情况下，免疫系统可能对自身组织产生异常的免疫反应，导致慢性炎症和组织损伤。总之，免疫系统在呼吸系统中的作用是保护机体免受外部病原体的侵害，同时确保对自身组织的免疫耐受。这种平衡的免疫响应对于维持呼吸系统的健康和功能至关重要。

呼吸与情绪

研究证明，呼吸与情绪之间存在密切的关系。深呼吸和不同的呼吸技术可以影响自主神经系统，从而对心理状态产生积极的影响。什么是自主神经？我们的身体有很多功能是不需要我们主动去控制的，比如心跳、呼吸、血压、消化、分泌等。这些功能是由一套特殊的神经系统来自动调节的，这就是自主神经系统。自主神经系统是周围神经系统的一部分，它与躯体神经系统相对，后者主要负责我们主动控制的运动和感觉。自主神经系统主要通过平滑肌、心肌和腺体来影响内脏器官和血管的功能，维持身体的稳定和适应环境的变化。

缓慢、深长地呼吸可以刺激迷走神经系统，降低交感神经系统的活动，从而使身体进入放松状态。冥想和深呼吸练习可以帮助缓解焦虑、减缓压力，提升心情。不同的呼吸节奏可以产生不同的生理和心理效应。例如，深慢地呼吸有助于放松，而快速地、有力地呼吸可能增加警觉性。选择合适的呼吸方式可以根据自己的心理状态来调整。情绪状态会影响呼吸，而呼吸方式也可以反过来影响情绪。当人感到紧张或焦虑时，呼吸往往变得急促而浅显。通过调整呼吸，可以尝试缓解紧张情绪。

第三章

呼吸系统的常见疾病

肺正气存内，邪不可干，邪之所凑，其气必虚。

——《黄帝内经·素问》

对很多家长来说，刚刚过去的 2023 年的冬天，显得特别漫长。高烧、头疼、咳嗽、流涕……验血、摄片、雾化、输液……奥司他韦、阿奇霉素、氨溴特罗、布地奈德……流感、感冒、支原体感染、交叉感染……反反复复，此起彼伏。在这背后，是家长们一张张焦急的脸，是儿童医院排起的就诊"长龙"，还有儿科医生疲惫的身躯。对常见的呼吸道疾病认知的缺乏，加重了病患和家属的焦虑不安，也增加了医疗负担，引起了医疗挤兑。

在本章中，我们将用较大篇幅分享支原体肺炎、流感、支气管哮喘、支气管扩张症、肺结核、慢阻肺、肺心病、急性肺栓塞、睡眠呼吸暂停低通气综合征等一些常见疾病。

第一节　支原体肺炎

　　之所以把支原体肺炎放在本章的第一节，是因为这个医学专业名词从没有像现在这样深入地来到我们身边，以致国家卫健委数次召开新闻发布会就该病原体造成的伤害、预防等进行说明。在 2023 年 11 月 13 日召开的一次发布会上，北京市呼吸疾病研究所所长童朝晖表示，北京市呼吸疾病研究所近期肺炎支原体核酸检测检出率成人是 5.59%，儿童是 40.34%；流感抗原阳性检出率成人是 29.67%，儿童是 4.94%。也就是说，支原体成为 2023 年冬季传染性疾病的罪魁祸首。

什么是支原体

　　支原体是一种特殊类型的病原体，与细菌和病毒都有所不同。支原体通常比细菌小比病毒大，其直径为 50 ～ 300 纳米，是目前世界上已知能独立生存的最小微生物，是一种非典型病原体。在人体上目前分离到 16 种，其中与人类疾病的关系最大的有三个支原体种，即肺炎支原体、人型支原体和解脲支原体。它无法通过常规的病原体过滤器过滤，而且它们缺乏细胞壁。这使得支原体不同于细菌和病毒，同时也对其治疗和防控提出了挑战。支原体在人体内可以引起多种疾病，其中包括肺炎、结膜炎、生殖道感染等。其中，肺炎支原体是引起支原体肺炎的主要病原体。

支原体非常"狡猾"。这类微生物通常以细胞内寄生的方式存在，它们依赖于宿主细胞来提供生存所需的营养。支原体通过直接侵入宿主细胞，逃避宿主免疫系统的攻击。这也是为什么支原体感染相对难以治疗的原因之一。

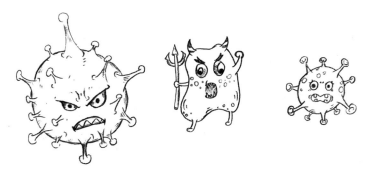

肺炎支原体直径在 50 ～ 300 纳米

认识了支原体后，我们再来了解一下什么是支原体肺炎。顾名思义，支原体肺炎就是由肺炎支原体引起的呼吸道感染。尽管这个名字可能不如流感或肺炎那么家喻户晓，但它却引发了一个不容忽视的健康问题。根据国家卫健委 2023 年 2 月发布的《儿童肺炎支原体肺炎诊疗指南（2023 年版）》，肺炎支原体肺炎（MPP）是指肺炎支原体感染引起的肺部炎症，可以累及支气管、细支气管、肺泡和肺间质。

支原体是如何进入人体的呢？支原体肺炎患者、无症状感染者和所有肺炎支原体携带者都有可能是一个个移动的传染源，当他们在咳嗽、打喷嚏、流鼻涕时，病原体就可能通过口腔、鼻腔、气道分泌物的飞沫播散给他人而导致传染。支原体潜伏期为 1～3 周，在潜伏期内至症状缓解数周均有传染性。所有人群对肺炎支原体普遍易感，但发病以儿童、青少年为主。

症状表现

大多数感染者仅累及上呼吸道，表现为发热、全身不适、头痛、咽痛和咳嗽，有时难以与其他上呼吸道感染疾病区分。支原体感染患者体温通常低－中等程度增高，可伴有畏寒，但寒战症状少见；少有肌肉酸痛、胃肠道症状；咳嗽是肺炎支原体感染的特点，主要表现为刺激性干咳，且咳嗽频率和严重程度可逐渐加重，咳嗽剧烈者可因肌张力增加导致胸痛。5%～10%的患者进一步发展为气管支气管炎或肺炎，此时，如果进行胸部 X 检查可见肺内多种形态的浸润阴影。个别肺炎支原体肺炎患者可发展为危重症，表现为呼吸困难，甚至发展至呼吸衰竭。也有些患者以严重肺外并发症为主要表现，如皮疹、心包炎、溶血性贫血、关节炎、脑膜炎和外周神经病。

肺炎支原体肺炎的早期确诊并不容易。肺炎支原体肺炎的特点是"症状重"而"体征轻"，也就是说，虽然症状很明显，比如持续高热、反复咳嗽等，但肺部听诊往往没有特殊变化。肺炎支原体肺炎的血常规化验特异性也不高，白细胞大多正常或稍增高，C 反应蛋白可升高，血沉可增快，但均不具有典型特征。

因此在未进行胸部 X 线检查的情况下，很难通过体格检查确定肺炎的存在。根据典型的临床症状结合胸部X 线检查，可初步诊断，但进一步确诊，还需要病原学的实验室检测，例如呼吸道分泌物的病原体检测和血清学检测。肺炎支原体 IgM 抗体阳性可作为急性感染的指标，尤其是儿科患者。在成人患者中，IgM 抗体阳性是急性感染的指标，但 IgM 抗体阴性并不能排除支原体感染。但即使准确性相对较高的抗体检测，也要在病后一周才可检测到，并且病情越重，出现越

儿童是肺炎支原体的易感人群

晚，阳性率越高。甚至早期检测还可能出现假阴性。目前早期用于检测灵敏度、特异度高、适合早期诊断的肺炎支原体核酸检测费用相对较高，为此开展机构较少。

第二节　肺结核

"吃下去罢，——病便好了。"

小栓撮起这黑东西，看了一会儿，似乎拿着自己的性命一般，心里说不出的奇怪。十分小心的拗开了，焦皮里面窜出一道白气，白气散了，是两半个白面的馒头。——一会工夫，已经全在肚里了，却全忘了什么味，面前只剩下一张空盘。他的旁边，一面立着他的父亲，一面立着他的母亲，两人的眼光，都仿佛要在他身上注进什么又要取出什么似的；便禁不住心跳起来，按着胸膛，又是一阵咳嗽。

"睡一会罢，——便好了"。

这是鲁迅在小说《药》中的文字。对小栓病情的描述，真实又鲜活。小栓得的是"痨病"，其实就是肺结核——1936年10月19日，鲁迅也因此病而逝。

从17世纪到20世纪，肺结核曾是北美、欧洲人的主要杀手之一。即使是在医疗技术、药物等如此发达的今天，它仍然是许多欠发达国家人口死亡的主要原因之一。除了鲁迅，因肺结核而去世的名单上还有肖邦、契诃夫、雪莱、卡夫卡、林徽因、萧红、瞿秋白、郁达夫……不胜枚举。

据说，7万年前就已经有结核病了。也就是说，从智人开始，肺结核就已经和人类如影随形了。这可能是世界上历史最久、存在时间最长的疾病之一，所以，引发结核病的结核杆菌有个绰号——千年老妖，远在古埃及时代的木乃伊中就有其祖先的足迹，和人类斗智斗勇几万年，其家族仍生生不息。

当然，结核病不能等同于肺结核。结核病是由结核分枝杆菌（简称"结核菌"）引起的慢性传染病。

结核病几乎在智人走出非洲之初就已存在了

健康人主要通过吸入传染性肺结核患者排出的含有结核菌的飞沫而感染。结核病可发生在人体除头发、指甲以外的任何部位。结核病按照病变部位不同，分为肺结核和肺外结核。结核病变发生在肺、气管、支气管和胸膜等部位的是肺结核。结核病中 80% 以上是肺结核。

据世界卫生组织（WHO）公布的《全球结核病报告》，2022 年约有 1060 万人感染结核病，大多数出现在东南亚、非洲和西太平洋区域，有 130 万人死于与结核病相关的疾病。其中 192 个国家和地区有 750 万人被确诊为肺结核患者，是世界卫生组织自1995 年开始在全球范围监测结核病以来的最高数字。

认识一下"结核菌"

结核菌的全称是结核分枝杆菌，是一种革兰氏阳性杆菌，为细长略带弯曲的杆菌，呈单个或分枝状排列，无荚膜、无鞭毛、无芽孢。该菌对酸、碱、干燥抵抗力强，在干燥的痰内可存活 6 ～ 8 个月。但该菌对湿热、酒精和紫外线敏感抵抗力弱，75% 的酒精作用数分钟、在液体中将其加热至 62℃ ～ 63℃并保持15 分钟或，直接暴露在日光下 2 ～ 7 小时可将其杀灭。

传播途径及感染方式

痰是结核菌阳性的肺结核患者的主要传染源。排菌患者通过咳嗽、咳痰、打喷嚏、大声说话，可产生大量含结核菌的微滴，微滴长时间悬浮于空气中，健康的人吸入会被感染。结核菌也可以通过直接接触感染者的呼吸道分泌物传播，这种传播方式主要发生在密切接触的情况下。结核菌极少通过食物传播，但在极罕见的情况下，食用受污染的未经消毒的生乳或食用未煮熟的肉类也可能导致结核菌感染。结核菌还可以通过动物，尤其是家畜和野生动物，传播给人类，这种情况主要发生在特定地区和特定人群中，相对少见。

结核菌进入人体后，首先攻击的是免疫细胞，如果免疫细胞在这场战斗中败下阵来，那么，结核菌将进入第二站——肺部，继而感染生成结核结节（即结核肉芽肿）。结核肉芽肿是人体免疫功能和结核菌相互平衡的一种状态，这个时候，结核菌在肉芽肿内处于休眠状态，此时病毒处于潜伏期，人体没有明显的症状，也没有传染性；当出现适合结核菌活化的条件时，肉芽肿破裂，结核菌大量繁殖，转变成活动性结核病，并有传染性，成为新传染源。

症状表现

中医古籍《灵枢·玉版》描述肺痨的症状："咳，脱形；身热，脉小以疾。"肺结核的临床表现复杂多样，轻重缓急不同，部分肺结核初期的临床表现比较隐匿，几乎没有太明显的症状，即便有症状也常表现为轻微地咳嗽、咳痰，使患者自认为感冒，甚至有些医务人员也会有此判断。由于症状缺乏特异性，多出现疲倦乏力、低热、消瘦、食欲减退等症状，往往误以为是工作劳累所致，且对日常的生活和学习影响不大，常常被忽视而耽误病情。

午后潮热、夜间盗汗也是肺结核常见的较为隐匿的症状。顾名思义，午后潮热是指患者体温像潮水一样，有规律地有涨有落——下午或晚上低热，后半夜退热。夜间盗汗的患者，多数在进入深睡眠或凌晨五六点钟时出少量的汗，醒来觉得全身或身体某些部位稍有汗湿，醒后则无出汗，易疲劳。如果同时有咳嗽、咳痰，并且这些症状持续两周以上，或者反复出现则应引起注意。此时，最好先到结核病专科医院或者结核病防治所检查。做胸部 X 线检查、痰结核菌检查，检出结核菌，就说明找到了病原体，就可以确诊了。

易感人群

研究表明，人群对结核菌普遍易感。数据显示，我国约有 1/4 的人都曾感染过结核菌。但是，感染结核菌不意味着一定发展成结核病。只有当感染结核菌的数量和毒力达到一定水平、自身抵抗力较低的情况下，才会发病。肺结核的高危人群主要包括传染性肺结核患者的密切接触者，还有免疫力低下的人群，像 65 岁以上的老人以及糖尿病患者、艾滋病毒感染者，长期使用免疫抑制药物的人群，比如器官移植者等。当然，肺结核病人进行了有效的抗结核治疗以后，90% 以上都是可以治愈的。

预防

那么，该如何预防肺结核呢？对健康人来说，首先要减少与传染性肺结核患者的接触。另外，要做到不随地吐痰，咳嗽、打喷嚏时掩口鼻，戴口罩可以减少结核菌的传播。生活中规律作息，健康饮食，适度运动，勤洗手、多通风，可有效预防肺结核。结核病人周围的密切接触者应该进行相关筛查。在筛查过程中，如果发现结核潜伏感染者，可在医生指导下，进行药物的预防性治疗。

上文述及了肺结核，还有一类肺外结核，也就是结核病变发生在肺以外的器官和部位，常见的有淋巴结核、骨关节结核、结核性脑膜炎、结核性腹膜炎、肠结核、肾结核、附睾结核、女性生殖器结核（包括输卵管、子宫内膜、卵巢结核）等。

【趣知识】

你知道世界防治肺结核日吗？

每年的 3 月 24 日是世界结核日，也叫世界防治肺结核日。19 世纪的欧洲和美洲结核病肆虐。1882 年，德国微生物学家罗伯特·科霍发

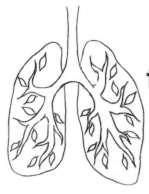

3月24日
世界防治肺结核日
社会共同努力
消除结核危害

每年的 3 月 24 日是世界防治肺结核日

表了他对结核病病原菌的发现，解开了结核病的
疑团，为困扰人类数千年的结核病的研究和控制
工作提供了重要的科学基础。1993 年，世界卫生
组织通过了"全球结核病紧急状态宣言"，积极
宣传结核病防治的重要性，并将 3 月 24 日定为
世界防治肺结核日。

第三节　慢阻肺

公历 11 月的第一个节气是立冬，草木凋零，蛰
虫休眠，意味着冬季正式来临。那天，65 岁的张先

生走进诊室，虽然还未近身，并且隔着一层口罩，我已经能清楚地听到他发出的喘鸣音，随之而来还有让人极不舒服的烟草味。他脸色蜡黄，气色阴郁，就像立冬节气带给人的感觉——冷且萧瑟。

张先生告诉我，他活动后气短已经有 10 年之久。从最初的爬山感到气短跟不上比他还大 5 岁的老伴，到后来的回家爬三层楼越来越费劲。直至发展到近两年，遛弯走几步就得歇一会儿。尤其到了秋冬换季时，一旦有个着凉感冒，甚至穿衣如厕都觉得憋气。看着同龄人还能出门旅游，享受夕阳红时光，他甚是苦恼。这几乎是很多老烟民的宿命——他烟龄 40 余年，屡次戒烟都未能成功。如今，他的肺功能已经很差，而且没法逆转。

对普通人来说，每时每刻都在享受着一呼一吸的畅快而不自知；而对像那些和张先生一样的慢阻肺（COPD）患者来说，每一次深呼吸都是一种奢望，呼吸可能变成了一场持久的挑战。世界卫生组织关于病死率和死因的最新预测数字显示，随着发展中国家吸烟率的升高和高收入国家人口老龄化的加剧，慢阻肺的患病率在未来 40 年将继续上升，预测至 2060 年，死于慢阻肺及其相关疾患者数每年超过 540 万人。《中国成人肺部健康研究》显示，我国慢阻肺患者近 1 亿人，其中 40 岁以上慢阻肺发病率高达 13.7%，慢阻肺成为对我国居民健康影响最为严重的"四大重点慢病"之一。另一项统计数据显示，慢阻肺已经成为造成劳动力丧失的第二大原因，仅次于心脏疾病。

致病原因

吸烟

如果把所有可以导致慢阻肺的原因进行排名的话，吸烟肯定是当之无愧的第一名。如果说健康的人体气道像一条潺潺流动的小溪，且水流平稳而清澈，那么，吸烟就像给这条河流扔进了火药桶。烟草中含有数百种有害的化学物质，其中的尼古丁更是成瘾的元凶。当我们吸入烟雾时，这些物质开始对我们的呼吸系统发动攻击。烟雾中的有害物质导致气道发炎、肿胀，形成黏液，就像是点燃了河边的火药，使气道变窄、通畅困难，严重的还可导致肺泡的破坏。

空气污染

有研究发现，长期生活在室外空气受到污染的地区也可能是导致慢阻肺发病的一个重要因素，且城市污染严重也会加重慢阻肺患者病情。汽车尾气、工厂废气排放，以及其他污染源释放出的颗粒物和化学物质飘浮在空气中，致使空气中的二氧化硫、二氧化碳、氯气等有害气体如同小小的"刺客"，悄悄地攻击着我们的肺部，特别是支气管和肺泡。大量吸入有害气体会损伤气道黏膜上皮、降低纤毛清除能力、增加气道黏液分泌，从而增加细菌感染的机会，提高慢阻肺的发生。

职业性接触

慢阻肺与职业性接触之间存在密切的关系。在某些职业环境中暴露于有害物质和颗粒物的人可能面临更高的慢阻肺风险，如煤矿工人、建筑工人、焊工、木工等。这些职业性致病因素可能导致慢性气道疾病，包括慢性支气管炎和肺气肿，最终演变成慢阻肺。一些特定行业更容易受到职业性接触的影响。例如，农业工作者可能暴露于农药和化肥之中，而医疗保健工作者可能面临传染性疾病的风险，这些行业的工作者可能面临慢阻肺的额外风险。

遗传因素

尽管没有吸烟和职业性接触等为主要诱因，但也有研究指出，遗传因素在慢阻肺的发病过程中起着一定的作用。α-1 抗胰蛋白酶的缺乏与早发性肺气肿有关，这种缺陷可能是由基因突变引起的，而这一基因突变可能会遗传给后代。当然，遗传因素与环境因素之间存在复杂的相互作用。例如，某些基因变异可能使个体更容易受到吸烟或空气污染等环境因素的影响，增加患上慢阻肺的风险。

其他因素

患有支气管哮喘、慢性支气管炎、肺气肿等特定疾病的人群，随着基础疾病的进展，会出现不同程度肺功能损伤，从而发展至慢阻肺。不健康的生活方式，如缺乏运动、不良的饮食习惯，以及过度饮酒，也可能增加患上慢阻肺的风险。

吸烟有害健康

症状表现

慢阻肺可分为两种典型的临床类型：一种以慢性

支气管炎为主要表现，主要特征是气道的慢性炎症，导致气道壁变厚，分泌物增多，最终导致气道狭窄，患者以肥胖者居多，通常表现为持续性咳嗽和咳痰，常常存在低氧血症和二氧化碳潴留；另一种以肺气肿为主要特征。在此类患者中，肺部的弹性减弱，气道塌陷，导致呼吸困难。患者多见消瘦者，呼吸困难明显，但低氧血症及二氧化碳潴留情况不明显。

大多数慢阻肺患者兼有这两种类型的临床特点和肺功能特点。持续存在的咳嗽是早期症状之一。咳嗽通常是由于气道内的炎症和痰液的产生引起的，患者常常咳出黏稠的痰液。因为气道内的黏液增多，使得排痰变得困难。由于气道狭窄和肺功能下降，患者会感到呼吸急促、胸闷不适。而在进行轻微活动时，如走路或上楼梯，患者可能感到呼吸困难，需要更多的气力来完成这些活动。部分患者可能因为呼吸困难和能量消耗增加而导致体重下降，同时，由于缺氧，患者的口唇和指甲可能呈现蓝紫色。当合并有二氧化碳潴留时，患者可表现出多语、嗜睡、词不达意等精神症状，甚至出现昏迷。

高危人群

吸烟和吸二手烟的人：吸烟是慢阻肺的主要致病因素。研究表明，每 5 个吸烟者中就有 1 人最终会发展为慢阻肺。致病风险与吸烟量的多少、吸烟年限的长短、开始吸烟年龄的大小有密切关系。

有职业暴露的人群：在某些职业环境中，接触有害气体、尘埃或化学物质的人群，如煤矿工人、建筑工人等，患慢阻肺的风险较高。

特殊人群：遗传因素在慢阻肺发病中也可能起到一定作用，所以有患病家族史的风险更高；儿童或少年时期，反复遭过严重呼吸道感染的人也易发此病。

运动的作用

慢阻肺是一种气流受限不完全可逆的、进行性发展的慢性呼吸系统疾病，也就是说无法根治。但是，一般情况下，坚持长期体育锻炼的人，呼吸系统的机能将得到良好的维护。比如肺通气量会增加，呼吸肌逐渐变得发达、膈肌的收缩和放松能力提高，肺活量加大。同时，由于促进了肺的良好发育，使肺泡的弹性和通透性加大，有利进行气体交换。所以，对慢阻肺患者来说，适当的肺康复训练能够提高患者的活动

对很多疾病来说，适当运动是"治病良方"

耐量、改善临床症状、提高生活质量。当然，康复训练需要在医生在对患者身体进行综合评估并有科学指导的情况下才能进行。一般可以选择多种运动方式联合进行，包括有氧运动和肌肉训练等，如游泳、快走或者慢跑、太极、瑜伽等。

第四节　哮喘

1995 年 5 月 8 日，在泰国清迈，华语乐坛一代歌后邓丽君猝然离世。据媒体报道，邓丽君长期患有哮喘病，一直用药物控制，当日哮喘发作，因抢救不及时而去世。因哮喘而去世虽是极端个案，但在现实中，被哮喘折磨的人却大有人在。已退役的英格兰足球巨星贝克汉姆，童年时被诊断患有哮喘；朱迪·丹奇曾因哮喘而影响到她的演艺事业；斩获 26 枚奥运会金牌的泳坛名将菲尔普斯，因为患有哮喘才练习游泳并最终成为一代传奇。

哮喘是什么病？对人体有何危害？

哮喘是支气管哮喘的简称，是一种在世界范围内严重危害公共健康的慢性疾病，也是在儿童群体中最常见的慢性疾病。根据世界卫生组织的统计，2016年全球有超过 3.39 亿人患有哮喘。近年来其患病率在全球范围内有逐年增加的趋势。2012—2015 年，在中国 10 个省市进行的中国肺健康研究调查结果显示，我国 20 岁及以上人群的哮喘患病率为 4.2%，按照 2015 年的全国人口普查数据推算，我国 20 岁以上人群应该有 4570 万哮喘患者。

世界卫生组织对哮喘是这样定义的：支气管哮喘由多种细胞和细胞组分参与的气道慢性炎症。这种慢性炎症导致气道高反应性，并引起反复发作的喘息、气急、胸闷和咳嗽等症状，常在夜间和（或）清晨发作、加剧，通常出现广泛多变的可逆性气流受限，多数患者可自行缓解或者经治疗缓解。

症状表现

哮喘有长期性和发作性的特点，发病与季节和周围环境、饮食、职业、精神心理因素、运动或服用某种药物有密切关系。胸闷、气促是最主要的症状，呼气期以呼吸困难为主。哮喘患者常感到气促，即使在轻微的运动或日常活动中也可能出现；由于气道狭窄和肺活量下降，患者可能感到胸闷、不适，有时甚至像有沉重的东西压在胸口一样；有些患者表现为阵发性的干咳，尤其是在夜间或清晨，称为咳嗽变异性哮喘。

哮喘发作时，由于气道狭窄和气流受限，患者在呼吸时尤其是呼气时可听到类似于风吹过狭小通道的声音或者如笛声的高音调，此为哮鸣音。哮喘缓解时，哮鸣音也逐渐减弱或者消失。在气道极度收缩狭窄时，气流几近完全受阻，这时哮鸣音反而减弱甚至消失，这是病情危重的信号。

致病原因

哮喘是世界公认的医学难题，被世界卫生组织列为四大顽症之一（其他三个是糖尿病、抑郁症、艾滋病）。在临床上，关于哮喘的致病原因还未十分明确，但大致可以从内外两个方面来说明其危险性。

首先是外因。

排在外因第一位的是室内变应原（变应原俗称过敏原，指的是凡经吸入或食入等途径进入体内后能引起 IgE 类抗体产生，并导致变态反应发生的抗原性物质），包括真菌；室内的植物变应原；宠物身上的毛、唾液、尿液等动物变应原；屋尘，包括脱落的人体上皮、螨虫、蟑螂的躯体碎片及其排泄物、棉、尼龙、化纤等。

排在外因第二位的是室外变应原。花粉是最常见的室外变应原，还包括草粉、动物毛屑、二氧化硫、氨气等各种特异和非特异的吸入物。

饮食。可引发哮喘的食物种类繁多，经测试，诱发哮喘的食物已达数百种之多。牛奶中含有甲种乳白蛋白，是变应原中最强的变应原成分，所以牛奶及奶制品是诱发婴幼儿哮喘的最常见食物变应原。鸡蛋蛋清中的卵白蛋白是诱发呼吸道过敏的主要成分，可导致各年龄段的病人过敏。鱼类、虾类、蟹类、贝类和蚌类等海产品和水产品，均可诱发哮喘，如鲑鱼、鳟鱼等鱼肉颜色偏红的鱼类也容易诱发呼吸道症状。此外，像豆制品、某些肉类及肉制品甚至蔬菜，也可能会诱发哮喘。

呼吸道感染。没错，呼吸道感染可能会诱发哮喘，尽管这种概率相对较小。一些细菌、病毒的感染可以诱发哮喘发作，呼吸道感染如果没有得到及时有效的治疗，随着病情的发展，可能会引起支气管哮喘，出现喘息、气急、胸闷等症状。

其他因素。剧烈运动会诱发哮喘，所以对哮喘患者来说，跑步、登山等都是相对危险的运动，需要慎重。反而游泳对哮喘的影响相对较小，所以游泳是"友好型"运动。春夏相交、秋冬相交等时节，因为气温变化较大，也需要留意哮喘的发作。此外，精神因素也不可忽视。据研究，情绪紧张会引起交感神经兴奋，也会诱发哮喘。工作压力、学习压力、交际压力、情感问题等都有可能触发哮喘的发作。

其次是内因。

家族史。研究表明，如果一个人的父母或亲兄弟姐妹患有支气管哮喘，那么此人患哮喘的风险可能增加。遗传因素可能会影响对过敏原的反应，特别是像花粉、动物皮屑、屋尘等常见的过敏原。同时，如果有人患过敏性鼻炎和（或）湿疹，或有任何食物、药物过敏者，也会增加风险。当然，家族史和个人史如果都存在，那么罹患哮喘的风险会明显增加。

性别。哮喘和男女有关系？没错。一项对6万余名哮喘患者的回顾性队列研究显示，与2～13岁女孩相比，男孩对与哮喘相关的医疗保健和药物的使用频率更高。所以，有学者认为，在儿童期哮喘中，男孩要多于女孩，这或许与男孩气道较狭窄、气道高张力有关。但是，这种性别导致的发病差异在青春期后逐渐消失。

肥胖。2014年，全球哮喘防治创议（GINA）将肥胖型哮喘单独分型，定义为伴有肥胖的哮喘，即同时具有明显的哮喘/呼吸道症状以及肥胖症状的人群，其病情往往更重，临床控制更难。循证医学研究发现，不管是在儿童期、青春期，还是成人中，超重和肥胖都是哮喘发病的危险因素，成人肥胖使哮喘发生风险提高3倍，儿童提高1～2倍。

【趣知识】

哮喘为什么又被称为"文艺病"？

在很多电影或电视剧里，经常看到这样的镜头：在需要推动剧情发展时，比如被追杀时，情绪紧张时，或者处于某种特殊环境中时，剧中人物忽然感觉呼吸困难，面色苍白，甚至面目狰狞、晃晃悠悠、有气无力地掏出一个小药瓶，晃动几下，放入口中猛吸几下，数秒后，便恢复正常。当然，也有可能是在危急时刻找不到药瓶……这些剧中人得的就是哮喘。由于哮喘经常出现在影视剧中，所以有人戏称其为"文艺病"。下面简单盘点一下那些影视剧中的名场面。

　　2005 年美国体育励志类电影《一球成名》中，男主——墨西哥足球小将圣地亚哥自小患有哮喘，每次上场比赛前都要用喷雾剂，然而意外发生了：在一次非常重要的比赛前，他忘了带喷雾剂，所以在场上气喘吁吁，状态不佳，差点儿因此性命不保。当然，在经过系统治疗后，圣地亚

儿童哮喘病患者的 50%，成人哮喘患者的 60%，都对某种或多种物质过敏

包含尸体灰尘在内的各种居室尘螨

壁虱及其尸体粪便是过敏原

杉树等植物的花粉

猫、狗的毛垢、尿液等

荞麦、鸡蛋、小麦粉、大豆、虾蟹等食物也会成为过敏原

主要过敏原

哥治愈了哮喘，最终一球成名。

2018年国产盗墓电影《寻龙诀》中，夏雨扮演的大金牙是个"文物贩子"，他一激动就喘，一喘就得吸入哮喘药，而在进入古墓后，更是哮喘频发，需要喷雾剂不离身才能保命。看起来，极为不幸运的"大金牙"，不仅因为情绪因素会诱发哮喘，古墓中的灰尘或化学成分，也会诱发其哮喘的发作。

另外，美剧《生活大爆炸》里伦纳德、《豪斯医生》中明明有哮喘却还往身上喷香水"作死"的主角，包括国产剧《不能说的秘密》《金枝欲孽》等，哮喘在推动情节发展方面，发挥了非常重要的作用。

适合的运动

剧烈运动有可能会诱发哮喘，但并不是说哮喘患者对所有的运动都说不。研究表明，适当的锻炼可以增强身体素质，改善心肺功能，促进血液循环和新陈代谢，增强免疫力，从而减少哮喘急性发作。同时，适度的运动训练可以减轻气道的炎症，改善哮喘的严重程度和发作的天数。所以，以运动为主的非药物治疗也是哮喘管理的重要组成。

游泳是哮喘"友好型"运动。这是一种有氧运动，有助于提高心肺健康，增强心肺功能；相较于干燥的空气，湿润空气对哮喘患者的呼吸系统可能更加舒适，能改善神经系统对体温的调节功能，提高人体对气候冷热变化，提高人体呼吸系统的功能。

散步和慢跑。长期坚持适量散步可以促进血液循环，可以增加肺活量，改善呼吸能力。平时坚持半小时到一个小时的慢跑，也可以明显改善哮喘患者的呼吸功能。但要注意跑步的节奏，不能太快，还要注意在天气寒冷的时候，尽量不跑步，避免冷空气对呼吸道的刺激。

在控制情绪方面，也应该注意，避免悲观、过度悲伤的情绪，否则会使身体抗病能力下降，对病情不利，要保持乐观的情绪，树立战胜疾病的信心。

第五节　感冒和流感

网络的发展让我们对各种信息几乎唾手可得，我已经记不清是从什么时候开始关注"中国国家流感中心"网站（https://ivdc.chinacdc.cn/cnic/）的了，也早已忘了是出于什么原因而关注它。但就像我对待那只待在角落里的宠物玩具一样：无意间的一瞥，或许就来了兴致把玩一番。虽然不是经常登录去光顾，偶尔也会在电脑收藏夹中点开它，了解下最新的流感信息。

网站的首页就是每周一期的流感监测周报，点击进入后还有"中国流感流行情况概要"，其最早的一期可以追溯到 2012 年 6 月，看来至少已经发布 10 多年了。中国疾控中心以这种形式，向全社会通报流感疫情监测情况，紧盯全国流感病毒毒株的变异和耐药性情况，第一时间向社会通报"流感敌情"。

不过对毫无医学背景的普通公众来说，很难去弄清那些专业术语。甚至对大家而言，分清流感和普通感冒都不是一件太容易的事。

感冒和流感的区别
病原体的不同

感冒又称普通感冒，是一种轻度、能自限的上呼吸道感染。常见的病原体有鼻病毒、冠状病毒、呼吸道合胞病毒、柯萨奇病毒和腺病毒。其中以鼻病毒和冠状病毒最为常见。感冒通常在寒冷季节高发，年幼儿童是呼吸道病毒的主要携带者。

流感是由流感病毒引起，主要分为甲、乙、丙三种类型，近年来才发现的流感病毒归为丁型，其中甲型和乙型对我们影响更大也更加常见，所以，我们经常听到甲流、乙流之说。2023 年冬流行的呼吸道疾病，有很大一部分就是甲流和乙流。这两种病毒都包含了表面的血凝素和神经氨酸酶，使得流感病毒容易变异。

甲型流感病毒是最为常见的类型，通常通过很多

感冒和流感是由不同病毒引起的

动物传播，包括家畜、鸟类等。不同的亚型之间的变异性使得这种病毒具有高度传染性。相对而言，乙型流感病毒引起的感染通常较轻，主要影响人类。与甲型流感病毒不同，乙型流感病毒主要通过人际传播。三者中，丙型流感病毒对我们的影响最小。丙型流感病毒只引起人体不明显的或轻微的上呼吸道感染，很少会造成流行。

症状的不同

　　普通感冒的表现个体差异很大，通常症状较轻，甚至轻到让人不以为意。早期会出现鼻塞、打喷嚏、流清水样鼻涕等鼻部炎症，但像打喷嚏等并不频繁。根据不同病因还会出现其他症状，如伴有低热、畏寒、乏力等症状。嗓子会有不舒服的感觉，干燥或者有灼烧感。病情两天至三天后，将会出现咽痛或声嘶的症状，头部会有微微的疼痛，有人可能会感觉呼吸不畅、听力衰退等症状。会有嗜睡和乏力，并且情况会不断加重，睡着不容易醒，醒了也没有精气神。可能导致全身不适和肌肉疼痛，使患者感到乏力和无力。由于味觉和嗅觉受到影响，感冒患者可能会出现食欲不振。

流感起病较急，最典型症状之一是突如其来的高热，体温可达 $39 \sim 40$℃，这是免疫系统对病毒入侵的一种反应，旨在提高体温以抵抗病毒。伴随高热而来的寒战是机体为了迅速升高体温，加速免疫反应的一种生理表现。同时，伴有头痛、全身肌肉酸痛、乏力、食欲减退等症状，流感病毒侵袭中枢神经系统，导致头痛，成为流感患者的普遍症状，有时还会伴随着眼球疼痛；全身肌肉疼痛则是流感病毒引起的炎症反应的结果，让患者感到无力和疲惫。甚至有患者会出现腹泻、呕吐等症状。但部分因出现肺炎等并发症可发展至重症流感，少数重症病例病情进展快，可出现急性呼吸窘迫综合征或多器官功能障碍综合征。

传播方式的不同

相较于流感，感冒的传染性较弱，但也不可忽视。其传染途径主要是飞沫传播和接触传播，这点和流感病毒的传播途径并无二致。流感传播的方式主要有飞沫传播、接触传播和气溶胶传播。流感病毒一般在常温下可以存活几个小时，传染性较强，稍不注意就容易被流感病毒所侵

"咳嗽礼仪"会和"不随地吐痰"一样成为大家的日常习惯吗

袭。飞沫传播是最为常见的一种传播方式，病毒可以通过患者喷嚏、说话、咳嗽时喷出的飞沫传播。流感病毒本身有较强的适应性，可以广泛地附着在身体、衣物上等。所以，在流感多发季节，保持安全的社交距离就成了必需。有人提出了"咳嗽礼仪"的概念：应尽量避开人群，用纸巾或手肘遮掩口鼻，咳痰时要吐到纸巾里，使用过的纸巾应及时包好后丢入垃圾桶，等等。

接触传播也是病毒传播的重要形式。与流感患者共用餐具等密切接触行为，很容易被传染上，保持手卫生是预防流感病毒传播最简单最有效的措施。在触摸公共物品后，不要用手触摸眼睛、鼻和口。饭前、便后、加工食物前、外出回家后一定要按照七步洗手法正确洗手，用肥皂和流动水至少洗20秒。

相较于飞沫传播或接触传播，气溶胶传播则有些"防不胜防"。流感病毒跟随着患者的呼吸会被释放到空气当中，特别是在一些封闭的环境当中，可能会有大量的流感病毒存在，抵抗力较差的人群很容易被传染上。因此，在自己居住的室内要保持空气流通，经常开窗通风，儿童、老人、体弱和慢性病患者在流感流行期间，应尽量避免到人员拥挤、空气密闭的公共场所。如非去不可，应规范佩戴口罩，做好个人防护。

预防

　　预防是最好的"良药"。及时接种流感疫苗是预防流感最有效的方法之一，可以显著降低接种者患流感和发生严重并发症的风险，尤其是对儿童、老人和患有慢性病的人来说，在征得医生意见后，每年流行高发季节来临前接种疫苗是明智之举。当然，流感疫苗每年都会更新，以应对可能出现的新病毒株。

　　保持良好的卫生习惯是最简便和最有效的手段。勤洗手，较为彻底地洗手，特别是在接触可能被污染的物品后，如门把手、电梯按钮等，务必及时洗手。尽量避免用手触摸面部，尤其是鼻子、嘴巴和眼睛，这有助于减少病毒进入体内的机会。良好的睡眠、均衡的饮食等好习惯有助于维持免疫系统的正常功能，提高抵抗力。

上文说到流感和感冒的相关症状，比如咳嗽、流涕等典型性症状。但是，需要注意的是，有咳嗽和流涕等症状不意味着一定是感冒或流感。有些疾病的临床表现和感冒 / 流感高度相似，容易让我们产生判断错误。所以，及时就医才是"王道"。那么，有哪些疾病与感冒 / 流感症状类似呢？

过敏性鼻炎：鼻塞、鼻子痒、打喷嚏、流清鼻涕是过敏性鼻炎的四大典型症状。同时，由于眼结膜、鼻黏膜、口腔黏膜都处于过敏状态，所以会经常性地产生鼻子痒，同时伴有喉咙痒、眼睛痒等症状。

麻疹：对很多家长来说，麻疹病毒和流感病毒是最讨厌的，因为儿童是它们最"喜欢"攻击的群体。有数据表明，麻疹病毒是目前已知传染性最强的病毒，麻疹是一种严重危害儿童健康的急性呼吸道传染病，特别是对那些未接种过疫苗或未患过麻疹的儿童来说更是其攻击的目标。麻疹分为前驱期、出疹期和恢复期。特别是在时长约为三天的前驱期，会出现发热、咳嗽、流鼻涕等感冒症状，此阶段传染性最强，容易被认定为感冒或流感。

流行性腮腺炎是由腮腺炎病毒感染所致，以腮腺非化脓性肿胀、疼痛为特征性表现的急性呼吸道传染疾病。其前期症状和流感／感冒相似，表现为发热、头痛、乏力和食欲不振等症状，1～2天后出现腮腺肿胀。人群普遍易感，好发于儿童和青少年，发病人群为15岁以下儿童，其中5～9岁儿童发病率最高。

【趣知识】

你知道"1918 年大流感"吗？

当今社会，不管哪一种流感，只要就诊及时、诊疗措施得当，不会给人们带来严重影响，有些流感甚至"挺一挺"就过去了。但是在历史上，却有一次流感给人类带来莫大创伤，那就是"1918 年大流感"。它的另一个名字可能更被人熟知——西班牙大流感，后者因为有地域污名化的问题而被前者替代。

1918 年大流感是人类历史上最恐怖的一次流感，暴发于一战后期，从 1918 年 3 月持续至 1920 年 3 月，历经三波大流行，给人类带来巨大危害，并对人类历史进程产生一定影响。后经研究，该流感病毒很可能起源于携带 H1N1 变异株的禽类宿主。

在 1918 年春夏之交，第一波流感席卷了北美、欧洲和亚洲。在美国堪萨斯州芬斯顿新兵训练营，列兵阿尔伯特·吉特切尔出现发冷、肌肉酸痛、嗓子痛和头疼的症状，他被认为是流感零号病人。之后，流感随着美军扩散至欧洲，法国、英国、德国、意大利和西班牙等国陆续出现大量病例。6 月，流感侵袭亚洲。夏季到来后，流感消失了。

第二波是在 1918 年秋季，这一次的感染地区除了美洲、欧洲、亚洲之外，增加了非洲。此波流感特点是死亡速度极快、死亡率超高，并且从军营扩散至社会面。主要危及青壮年，

16～40 岁的人群占死亡总数的一半以上，其中又以 21～30 岁的人群为最。10 月底左右，流感又神秘地消失了。

1919 年 1 月～1920 年春季，第三波流感来临。其特点是致病程度轻、死亡率极低。1919 年 1 月，病毒变异，在澳大利亚首先暴发，最终又回到了欧洲和美国。本波疫情的影响范围更广，波及至太平洋岛屿和北极地区等。1920 年 3 月之后，流感逐渐销声匿迹。

1918 年大流感，全球约有 10 亿人感染，这是迄今为止感染人数和死亡人数最多的流感，致使 5000 万～1 亿人丧生。当时，世界总人口不过 17 亿，这意味着地球上超过一半的居民都感染了这一病毒。

第六节　睡眠呼吸暂停低通气综合征

近年来，总有因血压、血糖控制不良，胸闷憋气，头痛、头晕等症状就诊于心内科、内分泌科、神经内科的病人。他们因为同时伴有"打鼾"现象，转诊至睡眠呼吸门诊。这些病人往往提出这样的疑问："打鼾"是日常生活中最常见的一种现象，怎么就成了病？在这里我们介绍一种"睡出来的病"——睡眠呼吸暂停低通气综合征。

　　睡眠呼吸暂停低通气综合征（SAHS）是指各种原因导致睡眠状态下反复出现呼吸暂停和（或）低通

"打呼噜也有可能是病"还不被很多人所认知

气、高碳酸血症、睡眠中断，从而使机体发生一系列
病理生理改变的临床综合征。每晚 7 小时睡眠中呼吸
暂停或低通气反复发作 30 次以上或睡眠呼吸暂停低
通气发作 ≥ 5 次 / 小时可诊断该病。

临床上分为三种类型：中枢型睡眠呼吸暂停综合
征（CSAS）、阻塞性睡眠呼吸暂停综合征（OSAS）、
混合性睡眠呼吸暂停综合征（MSAS），其中以阻塞
性睡眠呼吸暂停综合征最常见。阻塞性睡眠呼吸暂停
综合征是指睡眠时上气道塌陷、阻塞引起的呼吸暂停
和通气不足，伴有打鼾、睡眠结构紊乱、频繁发生的
血氧饱和度下降、白天嗜睡等病征。

流行病学调查表明，高达 15% 的中国人存在睡
眠打鼾，而在睡眠打鼾的人群中，差不多每 5 个人就
有 1 个会出现睡眠中的频繁呼吸暂停，而未经治疗的
重度睡眠呼吸暂停患者死亡率比普通人群高 3.8 倍。
所以"打鼾"不容小觑。

易感人群

上气道解剖异常。下颌畸形（小下颌）；鼻腔阻塞如鼻甲肥大、鼻息肉、严重的鼻中隔畸形（偏曲）、鼻部肿瘤等，软腭松弛、舌体肥大、舌根后坠等；腺样体、扁桃体、咽部侧索肥大。

肥胖。体重超过标准体重的 20%，或者体重指数大于等于 25 的肥胖人群，可导致气道脂肪过度堆积和颈部脂肪压迫。因此，肥胖人群多伴短粗颈，颈围与 AHI（呼吸紊乱指数）呈正相关。

年龄和性别。成年后随年龄增长患病率增加，70 岁以后患病率趋于稳定；男性患者明显多于绝经前女性，女性绝经后患病者增多。

家族史。有家族史者患病危险性增加 2 ~ 4 倍。遗传倾向性表现在颌面结构、肥胖、呼吸中枢敏感性等方面。

服用镇静安眠类药物。引起中枢神经系统抑制，同时出现咽部肌肉松弛，从而促使或加重睡眠中上气道的阻塞。

抽烟、饮酒。长期吸烟可能会引起鼻炎、咽喉炎，造成鼻部、咽喉部位肿胀发炎，使得上气道更加狭窄了，更易造成阻塞，从而增加了患上睡眠呼吸暂停综合征的概率。酒精抑制了呼吸循环中枢，上气道神经肌肉被酒精麻痹呈松弛状态，气道更容易塌陷，更容易发生睡眠呼吸暂停和打呼噜。

症状表现

（一）白天的症状表现

1.嗜睡：最常见的症状，轻者表现为日间工作或学习时间困倦、嗜睡，严重时吃饭、与人谈话时即可入睡，甚至产生严重的后果，如驾车时打瞌睡导致交通事故。

2.头晕乏力：由于夜间反复呼吸暂停、低氧血症，使睡眠连续性中断，醒觉次数增多，睡眠质量下降，常有轻度不同的头晕、疲倦、乏力。

3.精神行为异常：注意力不集中、精细操作能力下降、记忆力和判断力下降，症状严重时不能胜任工

患有睡眠呼吸暂停低通气综合征的司机
交通事故的发生率是正常人的 2～7 倍

作，老年人可表现为痴呆。

4.头痛：常在清晨或夜间出现，与血压升高、颅内压及脑血流的变化有关。

5.个性变化：烦躁、易激动、焦虑等，家庭和社会生活均受一定影响，由于与家庭成员和朋友情感逐渐疏远，可能出现抑郁症。

6.性功能减退：约有 10% 的患者可出现性欲减退，甚至阳痿。

7.晨起口干舌燥：多因张口呼吸导致，可能有久治不愈的咽炎。

（二）夜间的症状表现

1.睡眠打鼾和呼吸暂停：主要症状，鼾声不规则，高低不等，往往是鼾声—气流停止—喘气—鼾声交替出现；同室或同床睡眠者发现患者有呼吸暂停，呼吸暂停多随着喘气、憋醒或响亮的鼾声而终止。

2.憋醒：呼吸暂停后忽然憋醒，常伴有翻身，四肢不自主运动甚至抽搐，或忽然坐起，感觉心慌、胸闷或心前区不适。

3.张口呼吸：多为代偿反应。

4.多动不安、多汗：因低氧血症，与气道阻塞后呼吸用力和呼吸暂停导致的高碳酸血症有关。患者出汗较多，以颈部、上胸部明显，夜间翻身、转动较频繁。

5.夜尿增多或遗尿。

6.睡眠行为异常：表现为恐惧、惊叫、呓语、夜游、幻听等。

对身体的影响

睡眠呼吸暂停低通气综合征对身体的各个系统都会产生影响。

对呼吸系统，会引发难治性慢性咳嗽、肺动脉高压、肺栓塞、肺间质疾病，严重的患者可出现呼吸衰竭。

对心血管系统：合并高血压及顽固性高血压，血压的昼夜节律异常；冠心病，夜间心绞痛症状，难以缓解的严重心肌缺血，心肌梗死；各种类型的心律失常，特别是缓慢性心律失常及快—慢交替性心律失常，如Ⅱ～Ⅲ度房室传导阻滞、严重的窦性心动过缓、窦性停搏、心房纤颤等。

对内分泌系统：可导致胰岛素抵抗、糖代谢异常，甚至引发糖尿病；血脂代谢异常；代谢综合征。

对消化系统：可并发胃食管反流，低氧性肝功能损害及非酒精性脂肪性肝病；等等。

对神经与精神系统：认知功能损害及情绪障碍，精神异常如躁狂性精神病或抑郁病，可并发出血或缺血性脑血管病，并发或加重癫痫。

泌尿生殖系统：男性可出现性功能障碍；女性可出现妊娠期合并睡眠呼吸暂停，会发生妊娠高血压、先兆子痫和子痫，并危害胎儿的生长和出生后的发育。

血液系统：继发性红细胞增多、血细胞比容上升、血液黏滞度增高、睡眠期血小板聚集性增加。

如何自己判断

那么，如何去判断睡眠呼吸暂停低通气综合征呢？存在睡眠呼吸暂停的患者，大部分人虽然会被反复憋醒，但对自己的鼾声规律并不知道，也不清楚自己为何反复醒来，所以对自己是否存在呼吸暂停并不清楚。可以先采用量表进行自我筛查，如果答案中"是"达到3个或以上，则认为患有睡眠呼吸暂停低通气综合征的风险为高度，建议到医院做进一步检查。

1. 鼾声响吗（大于说话声或门外可听到）？

2. 白天常常疲倦、乏力或昏昏欲睡吗？

3. 有人发现你睡眠中有呼吸暂停吗？

4. 有高血压或正在治疗高血压吗？

5. 体重指数（BMI）大于 25 吗？

6. 年龄大于 50 岁吗？

7. 颈围大于 40 厘米吗？

而多导睡眠监测（PSG）是睡眠障碍及相关睡眠疾病诊断和评估的黄金标准，对于怀疑睡眠呼吸暂停低通气综合征且合并慢阻肺疾病、心衰、神经肌肉疾病或其他睡眠障碍（如失眠、发作性脑病、异态睡眠等）建议行 PSG 检查。

日常应对措施

对于肥胖者，要积极减轻体重，加强运动，保持良好的生活习惯；避免烟酒嗜好；戒烟酒，避免服用镇静、安眠药物；伴有高血压、心律失常、血液黏稠度增高、血糖及血脂代谢紊乱等疾病时，要重视血压、血糖等的监测，按时服用相关类药物，减少心脑血管急症发生率。采取侧卧位睡眠姿势，尤以右侧卧位为宜，避免在睡眠时舌、软腭、悬雍垂松弛后坠，加重上气道堵塞。可在睡眠时背部绑一个小皮球，有助于强制性保持侧卧位睡眠。伴有失眠症者配合睡眠认知行为治疗，伴有情绪障碍者需心理专科评估同步进行治疗。

第四章

呼吸系统的维护

疫者感天地之疠气，此气之来，无论老少强弱，触之即病，邪自口鼻而入。

——《瘟疫论》（明末医家吴有性著，阐述了瘟疫的病因、病机、证候及治疗，并从多个方面论述了流行与伤寒的区别）

　　年幼的儿子问我：“我们为什么要运动？我都已经很累了还得运动吗？”我说：“我们生病是因为有病毒入侵了身体，加强锻炼是为了增强体质，提高免疫力，让我们的身体能够打赢那些病毒，让我们不生病或者尽快好起来。”实际上，打赢这场与病毒的战争，并不是一件容易的事。

　　翻开人类医学史，从很大程度上来讲，其实就是人类与病毒的战争史。病毒是一种寄生物，它们没有细胞结构，必须入侵人类等生物体，借助生物体的细胞才能进行繁殖。病毒感染首要的进攻对象就是人类的免疫系统，呼吸道便是病毒的 5 大入侵

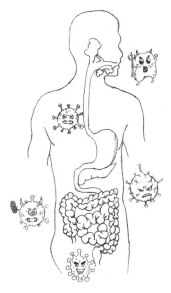

皮肤、眼部、泌尿生殖道、消化道、呼吸道是病毒首要的“进攻”目标

方向（皮肤、眼部、泌尿生殖道、消化道、呼吸道）
之一。所以，打赢与病毒的战争，提升自身免疫系统
至关重要。这不仅仅取决于个体，还是一个系统工
程。本章中，我们将系统阐释如何维护好我们的呼吸
系统。

第一节　环境与呼吸

20 世纪的头几年，我需要每年从济南横穿大半
个中国去西北上学。火车需要先从济南出发至徐州，
再一路向西至兰州。当时还是绿皮火车，车厢里满是
人，当时很难买到坐票，能有个无座票已是幸事。偶
尔买到靠窗的座位，能推开车窗，极力从逼仄污浊的
车厢环境中解脱一会儿，呼吸一下外边的新鲜空气。
然而，在途经鲁南至苏北路途中，我发现手上、脸
上、头发里有一层黑色的、油乎乎的东西，用水洗都
洗不掉。

车里边是人口增长、人员流动带来的逼仄空间，

外边是经济快速但粗放式发展带来的工业污染。此后多年，很多与空气污染相关的专业名词开始进入人们视野——2013年，由国家语言资源监测与研究中心、商务印书馆等联合主办的"汉语盘点2013"中，"霾"毫无争议地入选年度汉字，这说明公众对清新空气的期盼；PM10、PM2.5、臭氧等也为公众提升科学素养增添了不少的注脚。

火的使用，对人类来说，具有划时代的意义。它使得人类更加聪明、长寿，极大地拓展了人类的生存空间。但对于肺来说，却不得不承担越来越重的压力。燃烧木材当然不至于影响气候变化，但对个体来说，燃烧木材所释放的有害气体和颗粒物被认为对人体非常有害。

随着人类的不断发展，从原始社会进入文明社会。特别是18世纪末的产业革命，蒸汽机的发明和使用，煤炭被广泛应用于工业生产，一根根直插云霄的烟囱被竖立起来，带来了社会的巨大变革。但是随之而来、挥之不去的污染也成为笼罩在城市上方不散的阴云。

1930 年 12 月的比利时马斯河谷烟雾事件。该事件是 20 世纪最早记录下的大气污染惨案。马斯河是比利时境内的一条河流，在马斯峡谷的列日镇和于伊镇之间，有一段大约 24 千米长的河谷地带，两侧山高不到百米。许多重型工厂分布在这里，包括炼焦、炼钢、电力、玻璃、炼锌、硫酸、化肥等工厂，还有石灰窑炉等。1930 年 12 月 1 日—5 日，时值隆冬，雾锁比利时，河谷上空出现了很强的逆温层，致使工厂排出的煤烟粉尘和有害气体在地面上大量聚集，无法扩散，二氧化硫的浓度也高得惊人。当时，很多人出现胸痛、咳嗽、呼吸困难等症状。有的患者剧烈地咳嗽，呼吸频率超过每分钟 40 次；部分重症患者呼吸急促、困难，脉搏跳动过快，心脏扩张，皮肤和黏膜发绀。数千人生病，仅 12 月 4 日和 5 日两天内，63 位患者相继死亡，死亡病例全都发生在 24 小时多一点的时间之内。甚至，许多家畜出现类似病症死亡。毋庸置疑，此次事件是地形、天气和工业排放相互影响后的结果。

20世纪40年代至50年代的洛杉矶光化学污染。当时的洛杉矶是美国工业重镇，各种工厂、炼油厂、加油站等聚集，工业污染非常严重，被称为"美国烟雾城"。数据表明，洛杉矶当时拥有250万辆汽车，每天排出的碳氢化合物有1000多吨，氮氧化合物有300多吨，一氧化氮700多吨。1943年，由于长时间的污染气体排放，在汽车尾气排放、工业废气和太阳辐射共同作用下产生了光化学烟雾，致使远离城市100千米外高山上的大片松林枯死。1955年9月，由于大气污染和高温，许多人出现眼痛、头痛等症状，短短两天内，65岁以上的老人就死亡400余人。空气污染引起政府的重视，洛杉矶专门设立了空气质量管理区，加大区域环境管理部门的自主权；设立排放许可证制度，严格控制排放源；为交通污染源设立了严格环境标准；投入很强的科研及管理力量，研发环境评估软件及有效的污染控制技术等措施。

1952年12月，伦敦"大烟雾事件"。由于燃煤的长期大量使用，以及天气因素影响，连续 5 天时间，浓厚的毒雾笼罩在伦敦上空，能见度极低。据当时媒体报道，在灾情最严重的伦敦东区，人们甚至看不到自己的双脚——甚至有这样一则不是笑话的悲剧，有人因为毒雾而死去，他不是毒死的，而是看不到路掉进泰晤士河淹死的。当然，受影响最大的还是人们的健康，据统计，此次大烟雾事件造成至少4000 人死亡，10 万人出现健康问题。如果说此事件还有什么积极意义的话，那就是促使英国《清洁空气法》在内的一系列法律法规的颁布实施。

……

【趣知识】

什么是逆温？

不论是比利时的马斯河谷烟雾事件，还是伦敦的大烟雾事件，抑或是历史上其他的大气污染事件，大都与一种天气现象有关，那就是逆温。一般情况下，大气的温度会随着高度增加而降低，可是在某些天气条件下，地面上空的大气结构会出现气温随高度增加而升高的反常现象，气象学上称为"逆温"，发生逆温现象的大气层称为"逆温层"。逆温分为辐射逆温、平流逆温、地形逆温、下沉逆温、湍流逆温等。一般情况下，因为吸收了太阳辐射，靠近地面的空气获得了加热，因而最接近地面的空气温度最高。暖空气上升、冷空气下降，于是产生了风。但是，当满足某些气象条件时，一层上升的暖空气会覆盖下面的冷空气，使得冷空气不能自动上升，不能形成风，导致靠近地面的污染物不能随着风扩散，从而加剧了污染。这种情况就好像是空气发生了倒挂，冷空气被暖空气"压制"在地面上，所以称为"逆温"。因此，逆温经常和雾霾天气联系在一起。这也是为什么有时候早上我们看不到远处的建筑物，就好像被蒙上了一层薄雾。

对于世界大部分人来说，他们所接触的大部分

逆温大气（下冷上暖）

暖

污染物活动范围缩小
近地面污染物浓度上升

冷

逆温是造成大气污染的重要因素之一

空气污染是由人类活动造成的。世界卫生组织的数据表明，因暴露于家庭和环境（室外）细颗粒物空气污染，每年约有 700 万人过早死亡，还造成因空气污染而患病的人出现严重残疾。世界卫生组织发布的《空气质量准则》列举了常见空气污染物即颗粒物 (PM)、臭氧 (O_3)、二氧化氮 (NO_2) 和二氧化硫 (SO_2) 影响健康的证据。

我们对颗粒物并不陌生，10 年之前，网络上还掀起过一阵关于 PM10 和 PM2.5 的科普潮。没错，它们都是颗粒物。颗粒物按照粒径大小可以分为 3 种，以微米（百万分之一米，缩写为 PM）为单位，小于 10 微米（也就是 PM10）的是粗颗粒物；小于 2.5 微米（也就是 PM2.5）的是细颗粒物；小于 0.1 微米的是超细颗粒物。如果你对它们的大小没有概念的话，那么可以对比一下我们的头发和沙滩的沙粒。我们头发的直径约为 70 微米；沙滩上细沙的直径约为 90 微米。

粒径的大小决定在呼吸系统内的沉积部位和沉积量，最终决定着对呼吸系统影响的程度。PM10 颗粒物大部分阻留在鼻腔及咽喉部，而小于 2.5 微米的可沉积在肺部，对人体危害最大，如 PM1 和 PM2.5。进入呼吸道的大气颗粒物会破坏呼吸道的防御机能，使肺功能受到损害，引起咳嗽、咳痰、慢性支气管炎、肺气肿等疾病，诱发或加重炎症，还会引起儿童和成人哮喘的发生和症状的加重。颗粒物不仅对呼吸系统有害，还与心脑血管系统的疾病相关。PM2.5 可以进入血液循环，引起血管系统炎症和血栓形成，增加心脑血管疾病风险。此外，有些重金属及多环芳烃等有害物质会附着在 PM2.5 上，进入人体后会损害遗传物质，并且干扰细胞正常分裂，破坏机体的免疫功能。严重时会引发癌症和畸形的发生。

臭氧（O_3）对人体的影响主要也在呼吸系统。不过，臭氧还有另一个身份——它还是保卫地球的安全卫士。大气中 90% 的臭氧集中在中高空的平流层，这些臭氧会大量吸收太阳光中的紫外线，就像撑着一把保护伞一样保护着地球。它还可以维持大气循环，避免地面气温骤然下降。然而，当臭氧被吸入人体后，就不那么友好了。它是一种强氧化性气体，又被称为超氧，高浓度的臭氧暴露将对呼吸系统产生严重危害。

臭氧进入呼吸道后，由于其高氧化性，能够刺激呼吸道黏膜，导致咳嗽、喉咙不适、眼睛灼痛等症状。严重时，会损伤呼吸道上皮细胞和肺泡上皮细胞，引起氧化损伤，这可以导致炎症、水肿和组织损伤，增加呼吸道对感染的易感性。对于已经存在呼吸系统疾病的人群，如哮喘和慢性肺患者，臭氧暴露可能引起急性加重，导致呼吸困难、咳嗽加剧等症状。如果长期暴露于臭氧环境中，还可能导致慢性气道疾病，并减弱肺功能。2021年的一项研究发现，臭氧长期暴露与成年人肺功能降低、季节性情感障碍患病风险增加有关。此外，研究显示，臭氧暴露也会影响心血管系统，可能导致血管炎症和心脑血管疾病的发生。

【趣知识】

臭氧真的很臭吗？

臭氧是一种蓝色、有刺激性的气体，但在浓度很低的情况下，我们很难闻得到它的气味。所以大气中虽然存在臭氧，但我们是闻不到的。高浓度的臭氧在空气中存在时，可能产生一些刺激性的气味。这通常是由于臭氧与其他气体或颗粒物发生反应，产生一些挥发性化合物的结果。这些挥发性化合物可能具有辛辣或刺激性的气味，人们可能会有一种"刺鼻"的感觉。

臭氧的发现者是德国化学家舒贝因。1839年，在巴塞尔自然科学大会上，他发表了在电解稀硫酸时发现有一种特殊臭味的气体的报告，这种气体的气味与雷电之后空气中的腥臭味相同。他判定这种气味是由一种新物质产生的，并将此物质命名为臭氧，因而他被世界公认为"臭氧之父"。

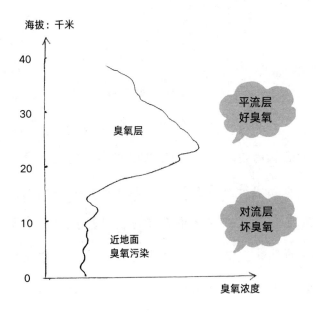

臭氧也有"好"和"坏"之分

二氧化硫、三氧化硫等都称之为硫氧化物，二氧化硫是大气主要污染物之一，在许多工业过程中也会产生二氧化硫。在大气中，二氧化硫会氧化成硫酸雾或硫酸盐气溶胶，是环境酸化的重要前驱物，是形成酸雾、酸雨的重要因素。世界卫生组织国际癌症研究机构2017年公布的致癌物清单中，二氧化硫名列其中。

二氧化硫易溶于水，所以在进入呼吸道后，大部分被阻滞在上呼吸道上，在湿润的黏膜上生成具有腐蚀性的酸性物质，形成严重刺激。上呼吸道的平滑肌遇刺激就会产生窄缩反应，使气管和支气管的管腔缩小，气道阻力增加。如果短时间内吸入大量二氧化硫或者硫氧化物，会产生急性中毒现象，如流泪，畏光，鼻、咽、喉有烧灼感及疼痛，咳嗽，胸闷，胸骨后疼痛，心悸，气短，恶心，呕吐等。长期接触低浓度二氧化硫则可引起慢性损害，以慢性鼻炎、咽炎、气管炎、支气管炎、肺气肿、肺间质纤维化等病理改变为常见。

氮氧化物主要是一氧化氮（NO）和二氧化氮

（NO_2），随着火力发电等工业用煤的逐步减少，尾气排放已经成为氮氧化物的主要来源。当其在大气中的含量和存在的时间达到一定程度时，进入人体后便对身体健康产生影响。氮氧化物主要损害呼吸道，比如 NO_2 进入人体支气管和肺部，可生成腐蚀性很强的硝酸及亚硝酸或硝酸盐，从而引起气管炎、肺炎甚至肺气肿。吸入初期仅有轻微的眼及上呼吸道刺激性症状。接触数小时至十几小时或更长时间后可引发迟发性肺水肿、成人呼吸道窘迫综合征等病症。此外，亚硝酸盐还可与人体血液中的血红蛋白结合，形成正铁血红蛋白，引起身体组织缺氧。

人类意识到大气污染对身体健康乃至社会发展产生如此巨大的影响后，开始用包括法律、行政等在内的各种手段来尽量遏制污染。尽管从世界范围来看，距离根治大气污染——有专家认为，只要有人类存在，大气污染就不可避免——还有很长的路要走，但从目前来看，这些措施对某些地区还是有一定效果的。

1948 年 10 月，美国多诺拉市发生了类似于英国伦敦大烟雾事件的情况，有 20 人因为大气污染死亡；接下来的一个月，又有 50 人死于此原因。1.4 万居民中有一半人患病。鉴于空气污染对人体健康的巨大危害，很多国家相继出台了关于防治大气污染的法律法规，保护空气，保护环境，从而保障人体健康。

除了法律，我国还持续推进以转变经济发展模式、改善空气质量为目标的"蓝天"行动。特别是从党的十八大以来，我国开启了极不平凡的大气治理进程。尽管在不同的时代、不同的地域，行动实施的名称略有差异，但其回应公众关切、对空气污染的关注、改善空气质量，以及提升公众健康水平的核心议题不变。

2023 年 11 月，国务院印发了《空气质量持续改善行动计划》，其目的是持续深入打好蓝天保卫战，切实保障人民群众身体健康，以空气质量持续改善推动经济高质量发展。该方案确定了降碳、减污、扩绿、增长的宏观措施，以降低细颗粒物（PM2.5）

浓度为主线，大力推动氮氧化物和挥发性有机物（VOCs）减排；开展区域协同治理，突出精准、科学、依法治污，完善大气环境管理体系，提升污染防治能力；远近结合研究谋划大气污染防治路径，扎实推进产业、能源、交通绿色低碳转型，强化面源污染治理，加强源头防控。

除了法律治污、行政治污，科学治污也是一大措施。政府部门委托相关科研机构，进行科学的监测、实验等，以弄清污染物的来源，以此"照方抓药"，达到治标治本的目的。

党的十八大以来，我国防治大气污染，让人民群众呼吸清新空气的决心坚定不移，举措扎实有效，从"雾霾重重"到"蓝天常驻"，我国空气质量取得显著改善。10年来，74个重点城市细颗粒物 (PM2.5) 平均浓度下降了 56%，重污染天数减少了 87%。以北京为例，2021 年，北京 PM2.5 平均浓度降到 30 微克 / 立方米，历史性达到世界卫生组织第一阶段过渡值，空气质量达到有监测记录以来的最高水平。因此，我国成为世界上治理大气污染、空气质量改善速度最快的国家，联合国环境规划署将北京大气改善成果誉为"北京奇迹"。

2023 年 5 月，《中华流行病学杂志》刊文称，近 10 年来，我国政府通过开展《大气污染防治行动计划》（2012—2017 年）和《打赢蓝天保卫战三年行动计划》（2018—2020 年）等一系列大气污染防治措施，使得空气质量得到了显著改善。由于我国政府在环境空气污染治理上做出了大量的努力，2017 年我国人群 PM2.5 暴露水平为 52.7 微克 / 立方米，相较于 1990 年（57.8 微克 / 立方米）降低了近 9%。1990—2017 年，归因于大气污染的年龄标化死亡率下降 60.6%。

【趣知识】

什么是碳达峰和碳中和？

这是两个专业术语，其实和地球上的每个人都息息相关。人类几百年的工业化进程，使得温室气体排放过量，地球气候不断变暖，带来的极端灾害性天气不断出现。减排无疑是有效遏制气候变暖的举措之一。碳达峰就是二氧化碳的排放不再增长，达到峰值之后再慢慢减下去。碳中和，也就是净零排放，指人类经济社会活动所必需的碳排放，通过森林碳汇和其他人工技术或工程手段加以捕集利用或封存，而使排放到大气中的温室气体净增量为零。人类为了在21世纪末把地球平均气温升幅较工业革命前水平控制在2摄氏度内，力争2030年比2010年全球减排25%。

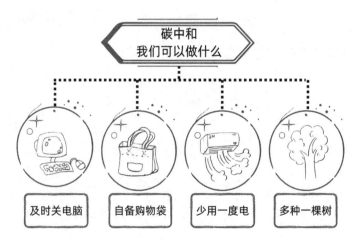

对公众而言，为"碳中和"做贡献其实就在日常生活中

2021 年，中共中央、国务院印发了《关于完整准确全面贯彻新发展理念做好碳达峰碳中和工作的意见》，国务院发布了《2030 年前碳达峰行动方案》，力争在 2030 年前实现碳达峰，2060 年前实现碳中和。目前中国的碳排放增速已经比 2000 年至 2010 年的快速增长期减缓了不少，已经基本扭转了二氧化碳排放快速增长的局面。相信随着这些目标的达成，我国的人民能享受到更多的蓝天碧水。

第二节　烟草与呼吸

4000，69，2000，8000。

你知道这组数字意味着什么吗？

4000 是每支烟燃烧时释放的化学物质种类数；

69 是 4000 种化学物质中的致癌物种类数；

2000 是每天全国人民因为吸烟而死亡的人数；

8000 是根据预测，到 2050 年全国每天因吸烟而死亡的人数。

　　还有一组数据值得关注：在吸烟相关死亡病例中，慢性肺部疾患占 45%，肺癌占 15%，食管癌、胃癌、肝癌、中风、心脏病以及肺结核共占 40%。

　　人类是从什么时候开始吸烟的？研究表明，在拉丁美洲，当人类还处于原始社会时，当地居民生活中就已经有了烟草。这与当地恶劣的生存环境或许有一定的关系。南美洲蚊虫肆虐，人们发现某种柴草在燃烧后会驱赶走蚊虫，所以在劳作时就点燃柴草叼在嘴里，解放双手还能驱赶蚊虫。当柴草快要熄灭时，用嘴吸一下，这或许就是最早的抽烟方式。渐渐地，当地人发现，吸入烟草的烟气后会让人精神清爽振奋，于是，除了直接吸食外，还会放入嘴里咀嚼。

　　1492 年，哥伦布发现了新大陆，大航海时代开启，人类的经济和文化交流进入一个新纪元。当然，烟草业从美洲来到了欧洲、非洲、亚洲，直至全球。16 世纪下半叶至 17 世纪中期，烟草才传入我国。也就是说，烟草在我国的历史，不过 400 多年的时间。

如今，烟草已经成为世界上最严重的公共卫生问题之一。在我国亦是如此。根据国家卫生健康委发布的《中国吸烟危害健康报告 2020》，我国吸烟人数超过 3 亿人，2018 年，我国 15 岁以上人群吸烟率为 26.6%，其中男性吸烟率为 50.5%。我国每年 100 多万人因烟草失去生命，如果不采取有效行动，预计到 2030 年将增至每年 200 万人，到 2050 年增至每年 300 万人。

吸烟会导致哪些疾病呢？

呼吸系统首当其冲。吸烟对肺功能、呼吸道免疫系统功能等都会造成直接伤害。吸烟是导致慢阻肺疾病的主要因素之一。COPD 包括慢性支气管炎和肺气肿，患者可能经历气促、咳嗽、咳痰等症状。这是一种不可逆转的疾病，严重影响呼吸功能。吸烟还是导致肺癌的主要危险因素之一，烟草在烟雾中的有害物质能够直接损害肺组织，增加患肺癌的概率。吸烟可能引起哮喘发作，并加重哮喘症状。对于哮喘患者，烟草烟雾中的刺激性成分可能导致呼吸急促、胸闷等不适。此外，吸烟会增加孕妇早产、低体重儿等风险。儿童被动吸烟也会导致呼吸道感染、哮喘等问题，影响他们的健康发育。

吸烟会导致心脑血管疾病。烟草烟雾中的化学物质对心脑血管系统产生直接而严重的不良影响，增加了患心脑血管疾病的风险。比如吸烟可以导致血压升高，增加患高血压的风险。有证据表明，吸烟可以导致动脉粥样硬化、冠状动脉粥样硬化性心脏病（冠心病）、脑卒中、外周动脉疾病等。

研究还发现，吸烟与糖尿病之间存在着紧密的关系，吸烟是引发和加重糖尿病的危险因素之一。吸烟可抑制胰岛素的生成，增加胰岛抵抗，使得患糖尿病的概率升高。吸烟不仅增加患糖尿病的风险，还加剧了糖尿病并发症的发展。吸烟者患上糖尿病后，更容易出现心血管疾病、视网膜病变、神经病变等并发症等。

根据《中国吸烟危害健康报告2020》，烟草烟雾中含有至少69种致癌物，当人体暴露于这些致癌物中时，致癌物会引起体内关键基因发生永久性突变并逐渐积累，使正常生长调控机制失调，导致恶性肿瘤发生。有证据证明，吸烟可导致肺癌、喉癌、膀胱癌、胃癌、宫颈癌、卵巢癌、胰腺癌、肝癌、食道癌、肾癌等，吸烟量越大，吸烟年限越长，疾病的发病风险越高。有证据显示，吸烟可以增加急性白血病、鼻咽癌、结直肠癌、乳腺癌的发病风险。戒烟可明显降低这些癌症的发病风险，并改善疾病预后。

具体来说，香烟中有哪些有害成分呢？

焦油：它是吸烟产生的烟雾中最危险的成分之一。焦油其实不是一种物质，而是很多种化学物质的混合物，如苯并芘、铅、镉、砷、β-萘酚、胺、亚硝胺等致癌物质，以及苯酚类、富马酸等促癌物质。烟草不充分燃烧，会产生棕色油腻物——焦油，其中的化学物质中，目前已知的致癌物就有 16 种，还包含一些促癌物质乙酸、乙二醇、酮、氯化氢等腐蚀性和毒性气体。

尼古丁：是一种生物碱，也是烟草中致人上瘾最主要的成分之一。尼古丁进入肺部后，很快会通过肺泡进入血液系统，然后直奔大脑，刺激中枢神经系统，诱导其产生大量的多巴胺，使人感到愉悦、满足、惬意、放松，甚至飘飘欲仙。这一过程平均只需短短数秒钟。但是，尼古丁在人体内的半衰期约为2小时，当血液中的尼古丁含量下降到一定程度，人就会出现心慌、心烦、焦虑、急躁、易怒、注意力不集中等症状。在这种反复的"拉扯"中，尼古丁会让人体迅速建立起生理和心理上对它的依赖。除了精神上的危害，尼古丁对心血管系统也有刺激作用，导致心率增快、血压升高。此外，它还影响血液循环，增加了动脉粥样硬化和心脑血管疾病的风险。

一氧化碳：这是一种无色无味的有毒气体，且易燃烧，是在氧气不充足时，碳与氧发生不完全燃烧产生的。吸烟时，一氧化碳会进入肺，通过肺泡进一步进入身体各个部分。一氧化碳与血红蛋白的亲和力比氧气高300倍，当身体吸入大量的一氧化碳时，一氧化碳与血红蛋白结合形成大量的碳合血红蛋白，而氧合血红蛋白大大减少，造成组织和器官缺氧，进而使大脑、心脏等多种器官受到损伤。据统计，一根香烟燃烧产生的一氧化碳为 20 ～ 30 毫克。长期吸入一氧化碳，会对心血管系统、神经系统造成损伤，还有可能造成低氧血症等。冬季因燃烧小土炉造成一氧化碳中毒的案例屡见不鲜，但是，吸烟也会造成一氧化碳中毒。如果多人在较为狭小、空气流动不畅的空间里吸烟，一氧化碳浓度就会不断上升，也有一氧化碳中毒的可能性。

胺类、氰化物和重金属均属毒性物质。吸烟会产生胺类物质，如丙烯酰胺就是一种在高温下产生的化学物质，长期吸烟会导致体内丙烯酰胺浓度升高，从而增加癌症的风险，特别是肝癌、乳腺癌和卵巢癌；吸烟还会产生氰化物，当氰化物进入体内后，它会与红细胞中的铁离子结合，形成氰化铁，导致氧的运输受阻，使身体组织缺氧。有研究表明，吸烟者由于长期接触氰化物而引起的神经系统、心血管系统和呼吸系统等方面疾病的问题也非常严重，这些问题都

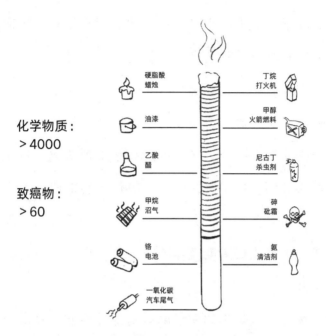

化学物质：
> 4000

致癌物：
> 60

硬脂酸
蜡烛

油漆

乙酸
酯

甲烷
沼气

铬
电池

一氧化碳
汽车尾气

丁烷
打火机

甲醇
火箭燃料

尼古丁
杀虫剂

砷
砒霜

氨
清洁剂

香烟燃烧的烟雾中含有 60 多种致癌物

有可能催生癌变。烟草中含有的重金属，如镉、铅、砷等，会在吸烟者的体内积累，对肝肾等器官造成损害。

此外，除了上述物质，吸烟产生的烟雾中，还有放射性同位素，如钋 –210、铅 –210 等，对吸烟者的肺部组织有潜在的致癌风险；苯、苯并芘等致癌物质，这些化合物与肺癌等恶性肿瘤的发生密切相关；

等等。

更为可怕的是"二手烟"的存在。吸烟所产生的危害，不仅危害吸烟者本人，还会对周围无辜的非吸烟者带来极大的健康风险。二手烟，也被称为环境烟草烟雾或吸烟环境烟雾，是指吸烟者吸烟后排放出的烟雾，以及烟草燃烧产生的烟尘和气体，存在于吸烟者周围的空气中。

研究发现，二手烟所带来的危害并不比一手烟差多少。在烟草燃烧的过程中，二手烟释放的有害化学物质甚至比一手烟还要高。比如，一氧化碳是一手烟的 5 倍，焦油是一手烟的 3 倍，等等。研究还发现被动吸烟或环境烟草烟雾，同样是肺癌的重要诱因之一。特别是对儿童来说，二手烟的危害更需要警惕。研究表明，二手烟会导致孩子的肺功能下降，并且在成年后继续以慢性呼吸系统疾病的形式影响着他们。学龄期儿童若暴露于二手烟环境中可能增加患哮喘的风险，两岁以下婴幼儿暴露于二手烟环境中可能引起中耳炎疾病，并导致听力受损。

那么，因为不是直接吸入烟草烟雾，二手烟是否有不危及人体的"安全水平"？

答案是否定的，国家卫健委公布的《中国吸烟危害健康报告2020》显示，二手烟中含有大量有害物质与致癌物，不吸烟者暴露于二手烟环境，同样会增加吸烟相关疾病的发病风险。有证据显示，二手烟暴露可以导致儿童哮喘、肺癌、冠心病等，二手烟暴露并没有所谓的"安全水平"，短时间暴露于二手烟环境中也会对人体的健康造成危害，尽管有排风扇、空调等通风装置也无法完全避免非吸烟者吸入二手烟。室内完全禁止吸烟是避免二手烟危害的唯一有效方法。

随着科学的进步，我们对吸烟的认知也越来越全面。除了二手烟，还有三手烟。三手烟是吸烟者吸烟后，在空气中残留下来的烟雾和烟草燃烧产生的化学物质附着在各种物体表面上，如墙壁、家具、衣物和皮肤上等。这些残留物质与空气中的其他物质反应，形成新的化合物，构成了三手烟。三手烟不仅包括气态的化学物质，还包括微小的颗粒，它们可以随着空气流动而传播，并在家居和公共场所中存在。这些颗粒和化学物质在吸烟者吸烟后可能长时间留存，甚至在吸烟者离开后仍然存在。

不同于一手烟、二手烟，这二者是看得见、闻得到的，三手烟的危害对我们来说是隐形的、毫无觉察的。有研究显示，父母即使不在婴儿面前吸烟，仍然能从孩子的尿液中验出尼古丁的代谢物可丁宁，其含量是一般婴儿的 5.58 倍。

为了减少烟草的伤害，世界各国可谓煞费苦心。从禁止公共场所吸烟到香烟包装盒上的警示标语，再到全面禁止烟草广告等，取得了一定效果。商家也窥到了其中的商机，香烟的替代品——电子烟被发明出来，并且风靡一时。那么问题来了，电子烟就健康吗？

电子烟是一种通过电池供电、加热液体（通常含有尼古丁味道和其他化学物质的溶液）产生蒸气供用户吸入的电子设备。与传统香烟相比，电子烟通常被认为是一种相对较新的烟草替代品。有些商家宣传广告语中标榜其产品"健康相依，想吸就吸"。

电子烟被世卫组织称为电子尼古丁传送系统，部分电子烟尼古丁含量超高，危害可能还大大高于普通香烟。有人认为，电子烟不燃烧，所以不产生焦油。以此而论，电子烟确实不致癌，但它的加热雾化芯材料，加热后的产物可能含有致癌物质。其实不论是雾化芯材料，还是其他的材料，在加热氧化后，都可能会释放出一些有害物质，和烟雾一起被吸入肺内，引发肺损伤或致癌。

《中国吸烟危害健康报告2020》提到，国外专门研究癌症的机构在对12个电子烟样品进行研究时发现，甲醛检出率100%、乙醛检出率100%、丙烯醛检出率91.67%、邻甲基苯甲醛检出率100%。报告中还明确指出，有充分证据证明，电子烟是不安全的，会对健康产生危害。对于青少年而言，电子烟会对青少年的身心健康和成长造成不良后果，同时会诱导青少年使用卷烟。

所以，一手烟主动受害，二手烟被动受害，三手烟受害而不察，电子烟更是自欺欺人之举……为了身体健康，这两个字最有分量且有效：不吸！

烟草是从什么时候进入中国的？

研究发现，烟草最早是由葡萄牙人带入中国的。随着葡萄牙航海家和商人在 16 世纪初抵达中国沿海地区，他们将烟草作为商品带入中国。

明万历年间，姚旅撰写的《露书》对烟草进入中国做了明确记载，这是迄今发现的记载烟草最早的文献。书中载：

"吕宋国出一草，曰淡巴菰，一名曰醺。以火烧一头，以一头向口，烟气从管中入喉……有人携漳州种之，今反多于吕宋，载入其国售之。淡巴菰，今莆中亦有之，俗曰金丝醺。"

不过，起初，烟草并没有被广泛接受，因被认为是非常奇特的外来物品而被排斥的。明崇祯年间，曾有诏谕明禁吸烟，所以烟草虽然传到浙东一带，但吸用的人很少，士大夫更是耻于吸用。随着烟草在澳门和广东的广泛传播，烟草才逐渐成为一种时尚和社交媒介。明末清初，一些文人士大夫开始尝试吸烟，将其引入社交场合。在清朝顺治年间，烟草的吸食方式逐渐演变，从最初的水烟、吞烟变为吸烟，出现了我国烟草吸食消费的第一个高峰，烟草种植区域不断向北推进，烟叶产量也进一步提高。

第三节　运动与呼吸

运动和呼吸的关系好似一体两面。当我们进行体育锻炼时，需要大量地吸入氧气以满足身体的需要；而适当的身体锻炼又可以提高我们呼吸系统的机能。

肺活量是评估一个人的肺部功能和呼吸系统的健康状况的指标之一。特别对青少年而言，每年进行的学生体质健康测试，身高、体重、肺活量都是重要的数据指标。肺活量的大小与体重、身高、胸围等因素有着密切的关系。因此，为了将学生身体发育的不同因素在肺脏机能的评价中得以体现，在《国家学生体质健康标准》测试中选用肺活量进行评价。

肺活量（vital capacity）是指在最大吸气后再尽力呼气的气量。包括潮气量、补吸气量和补呼气量三部分。潮气量是指一次呼吸周期中肺吸入或呼出的气量，在潮气量之外再吸入的最大气量为补吸气量，在潮气量之外再呼出的最大气量为补呼气量，最大呼气后残留在肺内的气量为余气量。

肺活量的测量结果受到多种因素的影响，比如个体的身体状况（呼吸肌强弱及肺和胸廓弹性等）、年龄、性别、体育锻炼水平等，所以个体差异较大。一般说，成年男子的肺活量3500～4000毫升，成年女子2500～3000毫升。肺活量随年龄的增长而下降，每10年下降

健康在于运动

9% ～ 27%。身体越强壮，肺活量就越大。所以长期坚持体育锻炼的人，其肺活量仍能保持正常。

对小学生或中学生来说，测量肺活量的目的不仅是为了达标，更重要的是增强体质。对成年人来说，关注肺活量则是关注呼吸系统的健康。那么，该如何提高我们的肺活量呢？

运动是王道。有氧运动是提高肺活量的最有效方式之一。比如，游泳、跑步、骑自行车等可以促使心肺系统更好地协同工作。逐渐增加运动时间和强度，有助于加强呼吸肌肉，提高肺活量。

深度呼吸也可以提高肺活量。尝试深呼吸练习，从慢慢吸气到最大吸气，再慢慢呼气，重复进行。这有助于扩张肺部，增加肺泡的灵活性，提高吸氧效率。

如果没有时间参加游泳、骑自行车等有氧训练，则可以通过步行或慢跑。在行走或是慢跑中主动加大呼吸量，慢吸快呼，慢吸时随着吸气将胸廓慢慢地拉大，呼出要快。每次锻炼不要少于 20 次，每天可若干次。

高强度间歇性运动锻炼（HIIT）是当前较为流行的一种提高心肺功能的运动方式。这种锻炼指在短时间内进行高强度运动，然后进行一段时间的低强度运动或休息。《应用生理学杂志》《癌症研究》等学术期刊发文阐释这种锻炼方式对身体机能的重要性。文中称，HIIT可降低低密度脂蛋白中的胆固醇，同时增加高密度脂蛋白中的胆固醇。女性每周进行5次、每次45分钟的中等强度锻炼，不仅能减少2%的体脂，还能显著降低血清雌激素。血清雌激素是女性乳腺癌、子宫内膜癌、卵巢癌的主要诱因。

不过，如果你有健康问题或长时间没有进行高强度运动，在这种相对高强度的锻炼前，最好要咨询医生的意见，确保身体状况适合这种训练。如果身体条件允许，在进行HIIT之前应该进行适当的热身，如快步走或跳绳。

HIIT的关键是在短时间内进行高强度运动，然后进行较短的休息。以短跑为例，可以在短时间内剧

烈运动，然后步行或休息。做 4 ～ 6 次 30 秒有一定
难度的高强度冲刺，每次间隔休息 4 分钟，每周训练
3 天，持续 2 ～ 6 周。根据个人适应性和目标，可以
进行适度的调整。

在做这些运动时，一定要保持正确的姿势和形
式，以防止受伤。在整个训练过程中保持水分，随时
注意身体信号。如果感到过度疲劳或不适，要及时
休息。

第四节　情志与呼吸

刘禹锡在《秋词》中云：自古逢秋悲寂寥。意思
是说，每逢秋天，人们就会感慨于秋天的萧瑟，忍不
住悲伤感怀。成语"伤春悲秋"则来自古语"女子伤
春，男子悲秋"。以上说的都是人的心情乃至健康和
天气有很大的关系：春天会让女子变得忧郁和情志不
舒，而秋季的萧瑟之气则更容易让男性焦虑烦躁。

中医古籍《三因方》中将喜、怒、忧、思、悲、

喜　　　怒　　　忧　　　悲

思　　　恐　　　惊

人们对外界环境刺激会出现不同的情绪反应，进而影响健康

恐、惊作为致病内因，统称"七情"。人们对外界环境刺激会出现不同的情绪反应，这些情绪会影响我们的健康。情绪中枢和呼吸中枢在大脑中相互联系，形成了一种紧密的生理共振。医学心理学认为，呼吸的节律、频率和深度可能会因为情绪的状态而发生变化，如过度换气综合征等均与心理有关。

　　什么是过度换气综合征？这是一种在急诊比较常

见的身心疾病。通俗讲，就是呼吸过快，引起体内二氧化碳排出过量，使动脉二氧化碳分压迅速降低，血浆碳酸氢根数值相对增加，就会导致低碳酸血症和呼吸性碱中毒立即发生。低碳酸血症可引起脑血管收缩，导致脑血流下降、脑缺氧，出现神经系统症状，如头晕、视物模糊、黑蒙甚至晕厥。碱中毒导致组织缺氧，并继发血钾及游离钙降低，从而出现手足和四肢的麻木、无力，甚至强直、痉挛和抽搐。

当精神压力过大，或者遇到突发状况情绪激动时会发病，但也有部分患者无明显诱因也会发病。其临床表现为呼吸困难、呼吸浅且快，容易喘促；胸闷、胸痛、心悸；紧张、焦虑、情绪激动甚至晕厥；头晕、口唇麻木或面色苍白。此外，还有肚子发胀、消化不良等消化系统症状等。过度换气综合征的临床治疗主要是心理疏导，辅以呼吸管理和药物治疗，大都能获得较好的临床疗效。

在此列举过度换气综合征是为了强调心理或者情志与呼吸系统的关系。还有一个很典型的案例比过度换气综合征更为常见，就是当我们遇到比赛、考试、面试等较为重要的场合时，会有紧张、呼吸急促等情况出现，这时会暗示自己深呼吸。这是最简单且有效的方式。那么，这又是什么机理呢？

单位时间内呼出或吸入肺的气体总量被称为肺通气量。肺通气量的多少决定着心肺能力、血液循环系统功能的运行。深呼吸意味着肺通气量的增加，肺部进入更多的氧气、排出更多的二氧化碳，如此，可以使心肺能力、血液循环系统功能得以加强，供给各脏器特别是脑组织的氧气也相应增多。于是，因为紧张焦虑而产生的脑部血管收缩导致的供血不足得以缓解，脑细胞可以摄入充足氧气以进行正常的能量代谢，可以起到平复情绪的作用。

深呼吸还可以激活副交感神经系统，让新陈代谢慢下来。想象一下你在吵架时的状态，此时情绪甚为激动，体内肾上腺素呈现激放状态，呼吸频率加快、血压升高、面红耳赤。试着让自己安静一下，调整下呼吸节奏，进行几次深呼吸。此举可以激活体内的副交感神经系统，脑组织会快速释放乙酰胆碱，进而降低心率、呼吸频率、血压及肌肉紧张度等，于是降低机体的新陈代谢水平，使机体放松。机体从应激状态恢复正常，激动的情绪自然也得到缓解。

深呼吸可以让我们重新夺回对情绪的控制权。在调节情绪方面，它甚至是最经济、最有效的手段。当然，我们首先应该对自己的情绪有所评估，并尽可能预判到自己情绪波动的时刻，辅以深呼吸，及时调整好自己的状态。比如当我们觉察到自己叹气次数有点多，此时由于经常屏息，请尝试用深呼吸补充心情低落导致的氧气不足；再比如经常疲倦，有可能是自己

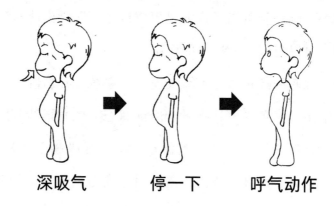

深吸气　　　　停一下　　　　呼气动作

深呼吸是调节情绪的有效方式之一

的呼吸方式不对，影响了身体对能量的摄入；再比如经常打哈欠，说明最近你的呼吸比较浅，深呼吸可以改善这一状况。

　　情绪是人类生活中丰富多彩的一部分，而呼吸则是情绪表达的一种载体。它不仅是生命的维持者，更是身心健康的重要指标。通过调整呼吸，我们可以调整自己的情绪状态，进而促进整体的身心平衡。在繁忙的生活中，时刻关注呼吸，学会用深呼吸调整情绪，不仅有助于缓解压力，还能为身体注入更多的能量。让我们在情绪与呼吸的交织中，找到一种平和与宁静的生命旋律。

第五章

呼吸系统的自我护理

有时去治愈，常常去帮助，总是去安慰。

——爱德华·利文斯顿·特鲁多（1848—1915 年，美国医生，创建了世界上首家肺结核病疗养院，还建立了美国第一家肺结核研究所）

"出院回家后记得排痰，手法还记得吧？" 79 岁的王先生是科室老病号了，每次出院前，大夫都要叮嘱家属为其排痰。

三年前，他得过一次脑梗，虽然当时经过积极治疗，脱离了生命危险，但是自那之后，王大爷因为右侧肢体活动困难，需要长期卧床，并且出现了咳嗽无力的症状。

两年前的一次肺炎，一口痰没咳出来，差点儿窒息，多亏送医及时才挽回生命。医生告诉家属，王大爷之所以反复发生肺炎，都是咳嗽无力，痰液不能及时得到清理惹的祸。王大爷的家人在医生的指导下学会了叩击排痰法，此后每天定时给王大爷翻身、拍背、辅助排痰，同时加强了室内卫生管理以及湿度管理，保证室内空气清洁湿润，经过这样的家庭护理，王大爷近期肺炎发生的频率明显减少了。

排痰、吸氧、锻炼……这些呼吸系统的家庭护理方法，已经成为改善呼吸系统疾病的有效方法之一。

第一节　呼吸道高发季节的自我隔离

说来也巧，当撰写此章内容时，我正在自我隔离期间。

11月的一天，忽然感觉鼻塞，间或有咽痒的症状。不到半天时间，有加重迹象，流清鼻涕、咽部开始疼痛。根据经验判断，我中招了。自己病了不可怕，怕的是传染给家里的老人和孩子，特别是孩子，一旦被传染，他们每次都会和病毒进行极限拉扯，这让人无比绝望。所以，保险起见，我决定自我隔离。好在单独隔离了两天后，症状基本消失，也算没有白费周章。

考虑到急性上呼吸道感染中90%以上为病毒感染，所以对患有呼吸系统疾病的家庭护理来说，自我隔离是第一道也是非常重要的一道防线。自我隔离适用于麻疹、流感、百日咳、开放性肺结核等疾病。病

自我隔离是阻断病毒传播的第一道防线

毒传播主要通过以下三种方式进行：感染者打喷嚏排出的大颗粒飞沫沉降并落在他人的眼结膜或鼻黏膜上（一般要与感染者密切接触）；吸入感染者咳出后经空气传播的小颗粒飞沫，鼻病毒、流感病毒、冠状病毒可以通过此种途径传播；还有接触传播，比如手接触，接触染有病毒的人或物之后再接触自己的眼结膜或鼻黏膜，造成自体接种。

有疑似流感等传染性疾病或已经确诊者，在条件允许情况下，最好能独居一室，且通风良好。做到每天通风三次，保持室内空气流通。如果无单独居住的条件，同处一室时，最少要与家属保持相隔 1 米距离，且双方都要戴上口罩，并且，尽量避免接触对方口罩，口罩要经常更换，一般 4～6 小时就更换一个。

家属与患者或患者周围环境接触后应洗手。家属在准备食物之前、之后，吃饭之前，上厕所之后，要洗手。如果手上没有明显污渍，可以使用含酒精的湿纸巾擦拭；如果手上有明显污渍，先用肥皂和流水洗手后，再用一次性纸巾擦干。没有一次性纸巾的话，应使用专用毛巾，毛巾变湿后立即更换。

所有人，特别是患者，咳嗽或打喷嚏时，用医用口罩、布口罩、纸巾或弯曲胳膊肘遮挡口鼻，然后洗手。覆盖口鼻的材料要立即丢弃或清洗，清洗可用肥皂和流水。避免直接接触体液，特别是口腔或呼吸道分泌物和粪便，必要的话使用一次性手套，摘下手套之前和之后都要洗手。

第二节　家庭氧疗

所谓家庭氧疗，指经过治疗患者度过病情急性期，出院后，患者仍有慢性呼吸功能不全的症状，在家中利用吸氧设备进行长时间的吸氧，以纠正慢性缺氧状况的一种治疗方式。目前，家庭氧疗应用最多的疾病是慢阻肺。一项针对上海地区的和家庭氧疗有关的调查显示，经过长期的系统性治疗，大约有70%的患者认为家庭氧疗是有效的。

目前，较为常见的家庭氧疗设备包括家用制氧机、氧气瓶和氧气袋。

家用制氧机

首先要根据使用目的来选择，是用于保健还是用于辅助性治疗，选择的机器类型是不一样的。制氧机根据每分钟氧流量分为不同的规格，包括1升、3升、5升、8升等。而选择制氧机还应该关注其氧气浓度。氧气浓度是指制氧机出气中的氧气占比。如果用于辅助性治疗，那最好要满足以下几个条件：第一，能够长时间供氧的制氧机，比如慢阻肺患者每天需要满足15小时以上的氧疗；第二，有医疗器械注册证的，出氧量达到3升及以上的制氧机；第三，制氧机的输出氧浓度必须保持在93%±3%；等等。

制氧机使用时要保证空气流通和机器散热，注意定期清洗更换过滤棉。湿化杯中的水应该使用纯净水或者温开水并定期更换，避免细菌滋生。一般新的制氧机的制氧浓度可以达到90%～96%，但随着时间的推移，制氧浓度会逐渐下降，需要定期检测制氧浓度，必要时更换分子筛。

选择制氧机，还需要关注其噪声，如果噪声过大，会严重影响使用者的生活质量。大部分的制氧机的噪声在45～50分贝，其相当于日常生活中窃窃私语的声音；有些制氧机的噪声则在60分贝左右，大体相当于人们正常说话的声音，已经影响到正常睡眠和休息。所以，超过60分贝噪声的制氧气机应慎重选择。

氧气瓶

氧气瓶是储存和运输氧气用的高压容器，里面的氧气是有限的，容积越大装的氧气越多。一般来说，氧气瓶的氧气浓度接近纯氧，可达到99%，高于制氧机93%±3%的浓度。家庭氧疗最常使用10升氧气瓶，而1升和4升的氧气瓶往往是随身携带使用。

氧气瓶的安全性需要重点关注。氧气瓶的氧气容量有限，一旦需要充气和换气就要在保证安全的环境和专业的操作下进行，并且由于氧气瓶是压力容器，所以可能会有瓶内压力骤增发生危险事故的风险，氧气一旦泄漏也容易引起火灾。所以，家用氧气瓶要注意防火、防油、防热和防震，吸氧时要远离明火，禁止吸烟，尽可能避免引起静电或电火花的操作，并需要定期监测其安全性。

氧气袋

如果家里有心肺功能不全的病人，氧气袋几乎是必备之物，以备应急时使用。氧气袋是个长方形带有橡胶管的橡皮枕，上有调节器可以调节氧流量。氧气袋充上氧气即可使用，优点是使用简便、携带方便、价格便宜，缺点是氧气量少、使用时间短。氧气袋使用的氧气应为普通混合氧，这种氧气在各大医院或急救中心都有供应，需在正规医疗机构或供氧机构灌充，千万不要自行灌充工业用氧。氧气袋应随时充满氧气，以备不时之需。

有了合适的氧疗设备，选择合适的吸氧流量同样重要。健康人群，在用脑时、睡眠质量不佳、运动后等，可以选择吸氧 1 ～ 2L/min，每次吸氧时间 30 ～ 60min，每日 2 ～ 3 次。

心肺功能较差的人群，吸氧是重要的辅助治疗方式，从 1L/min 逐渐调高氧流量，直到脉氧仪监测的血氧饱和度维持在90%以上，可以有效改善心肺功能。

前文提到，家用氧疗是慢阻肺患者辅助治疗的重要手段，每天氧疗应不少于 15 小时，选择鼻导管吸氧的方式，氧流量一般控制在 1 ～ 3L/min，可自备指

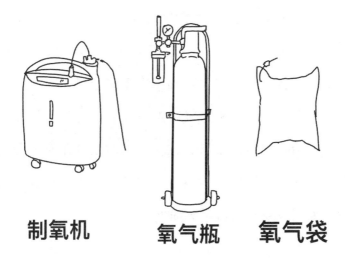

制氧机　　　　氧气瓶　　氧气袋

制氧机、氧气瓶、氧气袋都需要在专业医生指导下使用

脉仪，观察氧饱和度指标以调整吸氧方案。

那么，家用氧疗会不会出现氧中毒的情况呢？首先要弄清楚什么是氧中毒。过量吸氧，很容易出现"醉氧"，也就是氧中毒。氧中毒一般表现是出现肺水肿、咳嗽、胸痛等症状；其次还有可能表现为眼部的不舒服，比如出现视觉受损或眼睛疼痛等。严重情况下，还可能会导致神经功能紊乱、抑制呼吸，出现呼吸骤停，出现生命危险。一般来说，氧中毒与吸氧时间、氧浓度和个人体质有关。家庭制氧机的制氧浓度

即便是新机器也达不到100%，还会逐渐下降，而且氧流量较低，实际上吸入的氧浓度一般不超过35%，属于低流量吸氧范围。再加上大多采用短时间、多次的吸氧方案，因此家庭氧疗机一般不会发生氧中毒。

无论哪种氧疗设备，在使用的时候都建议配合一个便携式的指脉仪，检测吸氧的效果，最好在医生的指导下调节吸氧的流量和时间。

第三节　家用呼吸机

上文提到了制氧机，本节我们来介绍呼吸机。那么这二者是一回事吗？有什么区别？其实，这二者是呼吸系统家庭护理中比较常见的设备，特别对慢阻肺患者来说，经常使用，其原理和功效都不一样，不同的临床表现，使用不同的设备。

慢阻肺患者常常伴有低氧情况发生。此类患者的低氧有两种不同的类型：

一种是单纯氧饱和度降低，但没有二氧化碳潴留现象。此时，使用制氧机或氧气瓶给予吸氧治疗就可以了。一般情况下，自测指脉氧饱和度小于等于88%是家庭氧疗的指征。需注意，慢阻肺患者通常使用鼻导管吸氧，不宜使用面罩吸氧，并且氧流量不可太高，氧疗目标以氧饱和度改善至90%以上即可。面罩吸氧及过高的氧流量会导致二氧化碳潴留的危险，严重者会引起患者呼吸性酸中毒以及肺性脑病，甚至昏迷。

另一种是低氧合并二氧化碳潴留，也就是"高碳酸血症"，这也是慢阻肺患者最常见的低氧类型。此类患者的小气道阻塞严重，气体交换困难，此时单纯吸氧不能解决问题，因为通气量不足，体内容易引起二氧化碳潴留，这种情况需要使用呼吸机来增加通气量，呼吸机和制氧机联合使用效果最佳。

最近几年，许多关于"世界上最后一个'铁肺人'"的文章在网络上广为流传。说的是在20世纪40年代，小儿麻痹症席卷美国，很多人因此落下终身残疾。其中有一部分人呼吸肌被麻痹，每次吸入气量只相当于正常量的20%。所以，这部分人要么窒息而亡，要么只能借助外力帮助呼吸。于是，一个名为"铁肺"的装置被发明出来：有一个大大的铁盒子，里边连着气泵。患者的整个身体都要被放进铁盒子里，只有头露在外面。气泵释放压力时，空气随着气压流入身体；气泵加压时，体内的气体则被挤压排出。周而复始，人体的呼吸机能就依靠外力保持下来。世界上最后一名"铁肺人"保罗，在这个大铁盒子里生活了70多年。

靠电力维持机器运行的"铁肺"，应该算是最早协助呼吸的机器了。现如今，随着科技的不断发展，各种各样的治疗呼吸系统疾病的机器被发明出来，甚至有些机器，不需要在医院环境中使用，在家中就能帮助病患实现辅助呼吸的功能。

家用呼吸机是一种能够提供正压的呼吸支持设备。呼吸机主机通过管路与面罩连接，使用者通过固定带将面罩固定在鼻面部。呼吸机运行时，向气道提供不同水平的正压，降低气道阻力，使空气进出肺部更加顺畅，并减小患者呼吸做功。

佩戴呼吸机入睡需要有一个适应的过程

目前家用呼吸机主要分为双水平呼吸机和单水平呼吸机。不同的疾病类型需要的呼吸机类型有所不同；轻重程度不一样，选择呼吸机的类型、压力的设置也不一样。对于慢阻肺病患者来说，双水平呼吸机会更合适一些。

需要注意的是，患者要在医生的指导下选择合适的呼吸机，并不是越贵越好。家用呼吸机的面罩也有不同类型，有鼻罩、口鼻罩、全脸罩等，每个人的脸型、下颌大小，有无张口呼吸习惯等情况不同，对面罩的要求也不一样，需要在医生指导下根据患者具体情况来选择。所以，家用呼吸机不宜在网上购买，应该在医院或者专业的呼吸机门店根据疾病类型及病情严重程度，选择合适的机型，并通过压力滴定设置治疗的参数。在使用过程中也需定期根据治疗效果及后台数据由专业人员调整机器参数。

此外，家用呼吸机的各部件需要定期进行保养。比如呼吸机里有滤过棉或者是滤纸，以及呼吸管路，均需要按照说明书要求定期清洗或者更换，防止细菌滋生和交叉感染。头带虽然是外用辅助部件，但也应该定期清洗干净、晾干备用；呼吸机湿化罐里的水需要每日更换，需要使用纯净水或者温开水，不要使用自来水。

【趣知识】

最后一个"铁肺人"是谁？

说起小儿麻痹症，大多数人可能会觉得陌

生，因为这种疾病在我国已基本被消灭。但是在 20 世纪四五十年代，却是让人谈之色变的名字。特别是在欧美国家，是很多家庭的梦魇。1952 年的美国，此病造成 57628 人感染、21269 人瘫痪、3145 人死亡。

小儿麻痹症又称为脊髓灰质炎，患者多为 1 岁至 6 岁儿童，是由脊髓灰质炎病毒引发的严重危害人类健康的急性传染病。感染后可在数小时内引起肢体不对称弛缓性麻痹并留下瘫痪后遗症，甚至死亡。病毒由口腔进入消化系统，侵入血液、神经系统，然后开始攻击脊髓。初期症状包括发热、疲乏、头痛、呕吐、颈部僵硬以及四肢疼痛。每 200 例感染病例中会有 1 例出现不可逆转的瘫痪，而在瘫痪病例中，5% ～ 10% 的患者因呼吸肌麻痹而死亡。

很不幸，正是在 1952 年，保罗成为其中之一。发病后，他的身体功能迅速衰竭，无法开口说话，不能站立，甚至出现无法呼吸的现象。为了保命，医生为他实施了气管切开术，并将其装进了"铁肺"里。

所谓"铁肺"，就是个庞大的、足以放得下一个成人身躯的金属外壳，病人头部可以伸出腔体外进行气体的交换。而在腔体内，通过连接两个气泵调整内部的气压达到负压。于是躺在其中的病人在负压条件下，空气自发地进入气压较高的胸腔和肺部。这就在机器的辅助下实现了呼吸，该作用原理与人体生理呼吸特性相似。

保罗因此得以续命，"铁肺"成了他身体的一部分。他在"铁肺"中重新适应呼吸，甚至学习了画画，还考上大学，成为一名律师，身体好的时候，他能够短暂地离开"铁肺"出庭工作，而当他年老后，他又回到"铁肺"中来。他在"铁肺"中生活了已70多年。值得一提的是，在他患病的几个月后，小儿麻痹症的疫苗被研发了出来。所以他很有可能是在世的最后一个"铁肺人"。

第四节　家庭肺功能自测——6分钟步行试验

患有慢阻肺病等一些肺功能受损疾病的人群，应定期就医进行肺功能检查以评估疾病进展程度。除此之外，还有一个简单、易实施的方法，在家就可以大体评估肺功能，对自己的病情有个粗略判断，那就是6分钟步行试验。顾名思义，它是指患者采用徒步运动方式，测试其在6分钟内能承受的最快行走速度的距离。它不需要运动器械或特别的培训，只需要一个30米的走廊。患者可以根据自己身体状态，自行调整运动强度。其测量结果能真实反映患者日常活动能力的大小。

首先是场地、设备及身体方面的准备。试验场地选择室内一条长直平坦且行人较少的硬质走廊为佳（天气好可在室外），走廊宽2～3米，长30米，在出发和折返处设置标识。走廊长度不宜过短，因为转弯次数增多、步行速度慢，步行距离可能会缩短。所需设备包括计时器、计数器（记录步行来回次数）、可供休息的椅凳，必要时准备血压计、指脉仪（可监测血氧饱和度心率），务必准备好可能用到的应急药物、吸氧设备等。

患者应处于病情稳定期，近期无治疗药物的调整，试验当天正常用药。餐后 2～3 小时试验为宜。穿着舒适的衣物以及适宜步行的鞋子，试验前后 2 小时内不可进行剧烈活动。如患者平时步行时需要使用辅助器械，如拐杖、助步器等，试验过程中继续使用。

需要特别注意的是，有以下症状的患者，不能接受 6 分钟步行试验：

近期发生过急性心肌梗死、有不稳定型心绞痛、急性心内膜炎、急性心肌炎、心律失常、下肢深静脉血栓、心力衰竭、心脏瓣膜病、肥厚型心肌病、高度房室传导阻滞等心脏病患者。

肺栓塞、急性呼吸衰竭、支气管哮喘发作、重度肺动脉高压等肺病患者，以及休息且吸氧时血氧饱和度低于 85% 的患者。

存在其他导致试验无法进行及对试验产生影响的疾病，如急性肝肾衰竭、甲减或甲亢、严重贫血、精神认知障碍、电解质异常、肢体活动受限等。

静息心率＞ 110 次 / 分，收缩压＞ 160 mmHg，舒张压＞ 100mmHg 的患者。

其次是 6 分钟步行试验的实施。在试验开始前，患者先在椅子上休息 5 ～ 10 分钟，测量心率、血压、血氧饱和度。试验的目标是测量患者在 6 分钟内可以走的最长距离，所以在整个过程中，患者需要尽可能快地沿着走廊来回步行，转弯时不要犹豫和停留。如果感到呼吸困难或疲劳，患者可以减速或停下来，也可以坐下来休息，一旦症状好转，则尽可能地恢复行走。

试验时最好有家属陪同，与患者同时走路。过程中给患者计时、计数，并用言语鼓励患者，在最后 15 秒时，提醒患者在时间到时不要突然停下来，而是放慢速度继续向前。

试验结束后，再次测量记录患者的心率、血压、血氧饱和度、疲劳程度，询问患者有什么不适，自觉试验过程中影响行走距离的主要原因。

需注意，如果出现以下症状立即暂停试验，并及时就医：胸痛并怀疑是心绞痛；难以忍受的呼吸困难；下肢痉挛或极端腿部肌肉疲劳；步态失衡；面色苍白、大汗、心悸；头晕或晕厥；血氧饱和度持续低于 85%；收缩压下降 ≥ 20mmHg，伴心率加快；收缩压 ≥ 180 mmHg 或舒张压 ≥ 100 mmHg；患者无法耐受试验的继续进行。

对慢阻肺患者来说，6 分钟步行试验结果的自我解读和日常康复训练指导同样重要。慢阻肺患者的 6 分钟步行试验结果以 350 米、250 米和 150 米作为功能损害严重程度的分层标准。对于中重度慢阻肺患者来说，当 6 分钟步行试验的结果提高或下降 35 米时，代表患者病情出现有临床意义的改善或恶化。对于病情较轻的慢阻肺患者来说，以 6 分钟步行试验时平均速度的 80%，作为平时步行训练的高强度水平。对于中重度慢阻肺患者来说，日常步行训练的强度以 6 分钟步行试验时速度的 50% ～ 60% 为宜，并实时检测心率、血压、血氧饱和度等。

第五节　家庭呼吸功能训练及咳嗽训练

慢性呼吸道疾病患者在接受规范治疗的同时，如果能掌握一些正确的呼吸功能训练方法，对于控制、减缓病情进展、改善肺功能有积极的作用。尤其是对于慢阻肺患者，除坚持合理用药治疗外，每日适度的呼吸功能锻炼必不可少。

下面介绍几种简单易学的呼吸功能训练方法。

缩唇呼吸

患者用鼻子平静吸气，然后做出类似于吹口哨的嘴形，缓慢将气体呼出，吸气时间与呼气时间比为1：2～1：4。这种方法尤其适用于重度慢阻肺病人，有利于避免气道塌陷，降低呼气阻力。

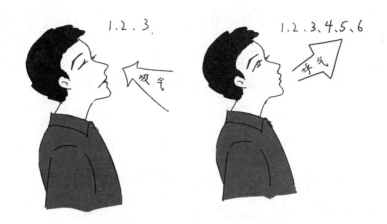

1. 2、3.　吸气

1、2、3、4、5、6　呼气

缩唇呼吸有利于避免气道塌陷，降低呼气阻力

腹式呼吸

患者采取仰卧位为佳，将手放在腹部，吸气时最大限度扩张腹部，使腹部隆起。呼气时腹部会凹进，将所有的废气从肺内排出。腹式呼吸运动可以动用全部的呼吸肌，使胸廓做到最大限度地扩张，呼吸幅度扩大进而增加肺泡通量，在增强呼吸功能和肺活量的同时有利于减少肺部炎症的发生。

腹式呼吸法可以增强呼吸功能和肺活量

吹气球

慢慢用鼻子深吸一口气，屏气时间大约为 1 秒钟，然后对着气球口进行吹气，尽量把气吹出，直到吹不动为止，每天 3 次，每次 10 分钟。

深吸气　　屏住呼吸　　用力咳嗽

屏气咳嗽简单易行

呼吸与咳嗽

高龄人群尤其是一些长期卧床的病患，由于身体衰弱常常存在咳痰无力，痰液于气道及肺内积聚容易导致呼吸系统感染。合理的咳嗽训练以及人工辅助排痰，可减少感染的发生。

屏气咳嗽

深吸一口气后屏气 3～5 秒钟，在胸腔内进行两三次短促有力地咳嗽，然后进行一次深咳，张口咳出痰液。

人工辅助用力咳嗽

患者仰卧位，辅助者一只手掌置于患者剑突远端的上腹区，另一只手压在前一只手上，手指张开或交叉；患者尽可能深吸气后，辅助者在患者要咳嗽时给予手法帮助，向内、向上压迫腹部，将横膈往上推。用力咳嗽可形成由肺内冲出的高速气流。这样高速的气流可使分泌物移动，使痰液排出体外。

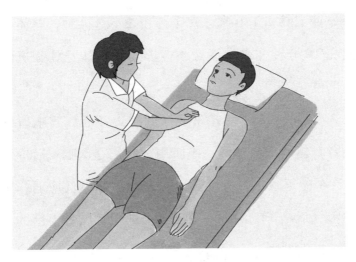

人工辅助用力咳嗽已经是呼吸系统病人家属必备技能之一

叩击排痰

叩击排痰是通过叩击背部，促进附着在气管、支气管、肺内的分泌物松动以利其排出。宜于饭前30分钟或饭后2小时进行。每天3～4次，每次10～15分钟。具体视患者耐受程度和痰量而定。

(1) 患者坐位或侧卧位。

(2) 操作者五指并拢呈弓形，以患者能承受的力量、用腕部力量轻柔、迅速地叩击患者背部。从第十肋间隙开始由下往上、由外往内叩击。叩击的频率为每分钟 120 ～ 180 次，每个部位 1 ～ 3 分钟，整体时间在 10 分钟左右。注意不能叩击肾区、脊柱和肩胛骨部位。

(3) 同时指导患者深吸气后用力咳痰。咳嗽时嘱患者身体略微向前倾，腹肌用力收缩在深吸气后屏气 3 ～ 5 秒再咳嗽，重复数次。若患者咳嗽反应弱，则在吸气后给予刺激——按压及横向滑动胸骨上窝的气管，以使咳嗽。

需要注意的是，未经引流的气胸、脓胸、哮喘发作、肋骨骨折、有病理性骨折史、咯血、低血压、头部外伤急性期、颅内压升高及肺水肿的患者不适合进行叩击排痰。

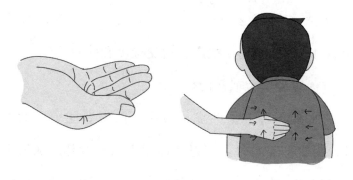

叩击排痰的使用技巧